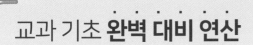

교과 기초 완벽 대비 연산

교과셈
교과 수학의 시작

초등 1·2

1학년 2학기

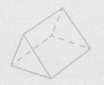

교과셈

책을 내면서

연산은 교과 학습의 시작

효율적인 교과 학습을 위해서 반복 연습이 필요한 연산은 미리 연습되는 것이 좋습니다. 교과 수학을 공부할 때 새로운 개념과 생각하는 방법에 집중해야 높은 성취도를 얻을 수 있습니다. 새로운 내용을 배우면서 반복 연습이 필요한 내용은 학생들의 생각을 방해하거나 학습 속도를 늦추게 되어 집중해야 할 순간에 집중할 수 없는 상황이 되어 버립니다. 이 책은 교과 수학 공부를 대비하여 공부할 때 최고의 도움이 되도록 했습니다.

원리와 개념을 익히고 반복 연습

원리와 개념을 익히면서 연습을 하면 계산력뿐만 아니라 상황에 맞는 연산 방법을 선택할 수 있는 힘을 키울 수 있고, 교과 학습에서 연산과 관련된 원리 학습을 쉽게 이해할 수 있습니다. 숫자와 기호만 반복하는 경우에 수 연산 관련 문제가 요구하는 내용을 파악하지 못하여 계산은 할 줄 알지만 식을 세울 수 없는 경우들이 있습니다. 수학은 결과뿐 아니라 과정도 중요한 학문입니다.

사칙 연산을 넘어 반복이 필요한 전 영역 학습

사칙 연산이 연습이 제일 많이 필요하긴 하지만 도형의 공식도 연산이 필요하고, 대각선의 개수를 구할 때나 시간을 계산할 때도 연산이 필요합니다. 전통적인 연산은 아니지만 계산력을 키우기 위한 반복 연습이 필요합니다. 이 책은 학기별로 반복 연습이 필요한 전 영역을 공부하도록 하고, 어떤 식을 세워서 해결해야 하는지 이해하고 연습하도록 원리를 이해하는 과정을 다루고 있습니다.

다양한 접근 방법

수학의 풀이 방법이 한 가지가 아니듯 연산도 상황에 따라 더 합리적인 방법이 있습니다. 한 가지 방법만 반복하는 것은 수 감각을 키우는데 한계를 정해 놓고 공부하는 것과 같습니다. 반복 연습이 필요한 내용은 정확하고, 빠르게 해결하기 위한 감각을 키우는 학습입니다. 그럴수록 다양한 방법을 익히면서 공부해야 간결하고, 합리적인 방법으로 답을 찾아낼 수 있습니다.

올바른 연산 학습의 시작은 교과 학습의 완성도를 높여 줍니다. 교과셈을 통해서 효율적인 수학 공부를 할 수 있도록 하세요.

지은이 천종현

교과셈

특징

1. 교과셈 한 권으로 교과 전 영역 기초 완벽 준비!

사칙 연산을 포함하여 반복 연습이 필요한 교과 전 영역을 다룹니다.

사칙 연산 + 도형 측정 경우의 수 = 한 학기 교과 연산 총정리

2. 원리의 이해부터 실전 연습까지!

원리의 이해부터 실전 문제 풀이까지 쉽고 확실하게 학습할 수 있습니다.

① 원리의 이해

10개씩 묶음의 수를 빼서 몇십 두 개를 뺄 수 있습니다.

10개씩 묶음
의 수의 차는
8−6=2야.

80−60은
10개씩 묶음의 수가 2인
20이야!

8 − 6 = 2
80 − 60 = ☐ → 80 − 60 = 20

② 원리의 적용

○ 안에 10개씩 묶음의 수를 써넣고, 뺄셈식을 계산하세요.

01 ○ − ○ = ○
40 − 30 =

02 ○ − ○ = ○
90 − 30 =

③ 실전 연습

뺄셈식을 계산하세요.

01 70 − 30 =　　02 40 − 10 =

04 60 − 40 =　　05 80 − 40 =

3. 다양한 연산 방법 연습!

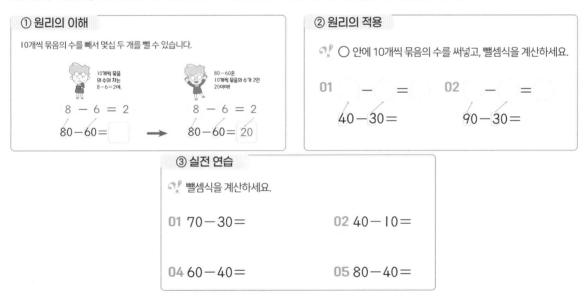

다양한 연산 방법을 연습하면서 수를 다루는 감각도 키우고,
상황에 맞춘 더 정확하고 빠른 계산을 할 수 있도록 하였습니다.

뺄셈을 하더라도 두 가지 방법
모두 배우면 더 빠르고 정확하게
계산할 수 있어요!

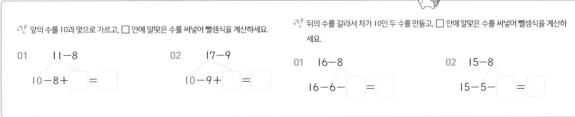

앞의 수를 10과 몇으로 가르고, ☐ 안에 알맞은 수를 써넣어 뺄셈식을 계산하세요.

01 11 − 8
10 − 8 + ☐ = ☐

02 17 − 9
10 − 9 + ☐ = ☐

뒤의 수를 갈라서 차가 10인 두 수를 만들고, ☐ 안에 알맞은 수를 써넣어 뺄셈식을 계산하세요.

01 16 − 8
16 − 6 − ☐ = ☐

02 15 − 8
15 − 5 − ☐ = ☐

교과셈이 추천하는

학습 계획

한 권의 교재는 32개 강의로 구성

한 개의 강의는 두 개 주제로 구성

매일 한 강의씩, 또는 한 개 주제씩 공부해 주세요.

매일 한 개 강의씩 공부한다면 32일 완성 과정

복습을 하거나, 빠르게 책을 끝내고 싶은 아이들에게 추천합니다.

매일 한 개 주제씩 공부한다면 64일 완성 과정

하루 한 장 꾸준히 하고 싶은 아이들에게 추천합니다.

성취도 확인표, 이렇게 확인하세요!

교과셈 6학년 1학기

2 PART 소수의 나눗셈

차시별로 정답률을 확인하고, 성취도에 ○표 하세요.

80% 이상 맞혔어요. 60%~80% 맞혔어요. 60% 이하 맞혔어요.

차시	단원	성취도
8	몫이 소수인 자연수의 나눗셈 세로셈	
9	몫이 소수인 자연수의 나눗셈 세로셈 연습	
10	몫이 소수인 자연수의 나눗셈 이해	
11	(소수)÷(자연수) 세로셈	
12	(소수)÷(자연수) 세로셈 연습 1	
13	(소수)÷(자연수) 세로셈 연습 2	
14	(소수)÷(자연수) 이해	
15	소수의 나눗셈 어림하기	
16	소수의 나눗셈 연습 1	
17	소수의 나눗셈 연습 2	

속도보다는 정확도가 중요하고, 정확도보다는 꾸준한 학습이 중요합니다! 꾸준히 할 수 있도록 하루 학습량을 적절하게 설정하여 꾸준히, 그리고 더 정확하게 풀면서 마지막으로 학습 속도도 높여 주세요!

채점하고 정답률을 계산해 성취도 확인표에 표시해 주세요. 복습할 때 정답률이 낮은 부분 위주로 하시면 됩니다. 한 장에 10분을 목표로 진행합니다. 단, 풀이 속도보다는 정답률을 높이는 것을 목표로 하여 학습을 지도해 주세요!

교과셈 1학년 2학기

연계 교과

단원	연계 교과 단원	학습 내용
Part 1 100까지의 수	1학년 1학기 · 5단원 50까지의 수 1학년 2학기 · 1단원 100까지의 수 · 5단원 시계 보기와 규칙 찾기	· 100까지의 수와 크기 비교 · 100까지의 수 배열표 POINT 자리를 구분하여 수를 나타내는 기초를 단단히 합니다. 받아올림이 없는 두 자리 덧셈, 받아내림이 없는 두 자리 뺄셈에 도움이 됩니다.
Part 2 두 자리 수 덧셈, 뺄셈의 기초	1학년 2학기 · 2단원 덧셈과 뺄셈(1)	· 받아올림이 없는 (두 자리 수)+(한 자리 수), (두 자리 수)+(두 자리 수) · 받아내림이 없는 (두 자리 수)−(한 자리 수), (두 자리 수)−(두 자리 수) · 세로셈으로 덧셈, 뺄셈하기 POINT 두 자리 수 연산을 처음 접하면 어려움을 겪는 경우가 많습니다. 십의 자리와 일의 자리에 대한 개념이 부족해서 그렇습니다. 각 자리에 대한 개념을 가지고 두 자리 수의 덧셈, 뺄셈을 한 자리 수의 덧셈, 뺄셈의 연장으로 쉽게 접근하도록 했습니다.
Part 3 (몇)+(몇)=(십몇)	1학년 2학기 · 4단원 덧셈과 뺄셈(2) · 6단원 덧셈과 뺄셈(3)	· 10이 되는 더하기 · 10 만들어 더하기 · (몇)+(몇)=(십몇) POINT 10이 넘어가는 덧셈을 10을 만들어 10+(몇)으로 바꾸어 생각하도록 하는 것은 받아올림 있는 덧셈의 기초 원리가 됩니다. 이 원리에 따라 충분한 연습을 하도록 했습니다.
Part 4 (십몇)−(몇)=(몇)	1학년 2학기 · 4단원 덧셈과 뺄셈(2) · 6단원 덧셈과 뺄셈(3)	· 10에서 빼기 · 10 만들어 빼기 · (십몇)−(몇)=(몇) POINT 두 가지 방법으로 받아내림 있는 뺄셈인 (십몇)−(몇)=(몇)을 계산하는 원리를 알고 연습하도록 했습니다. ① 십몇을 10과 몇으로 갈라 10에서 빼는 뺄셈을 이용합니다. ② 빼는 수인 몇을 먼저 빼서 10을 만들고, 10−(몇)의 뺄셈으로 풉니다. 이때 상황에 따라 더 쉬운 방법이 달라지지만 연습은 학생에게 편한 방법으로 하는 것이 좋습니다.

교과셈

자세히 보기

원리의 이해

10개씩 묶음의 수를 세어 몇십인 수를 구할 수 있습니다.

10개씩 묶음의 수를 모으기 해서 몇십 두 개를 모을 수 있습니다.

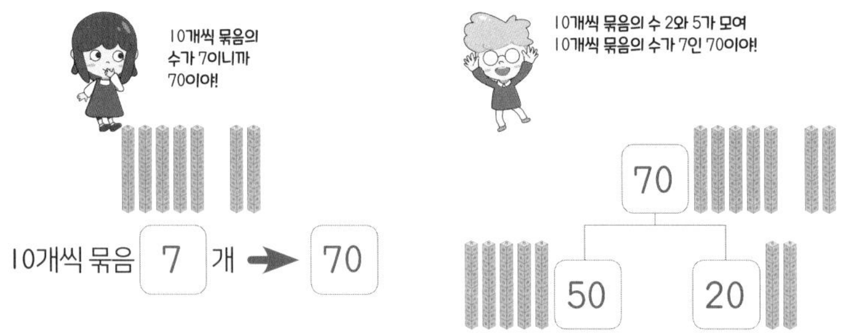

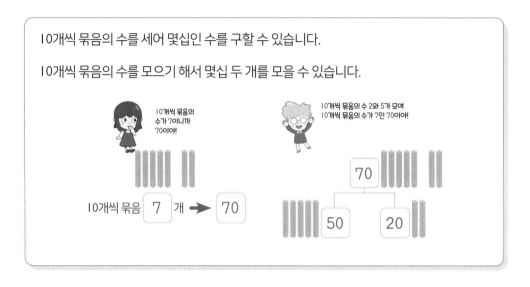

식뿐만 아니라 그림도 최대한 활용하여 개념과 원리를 쉽게 이해할 수 있도록 하였습니다. 또한 캐릭터의 설명으로 원리에서 핵심만 요약했습니다.

단계화된 연습

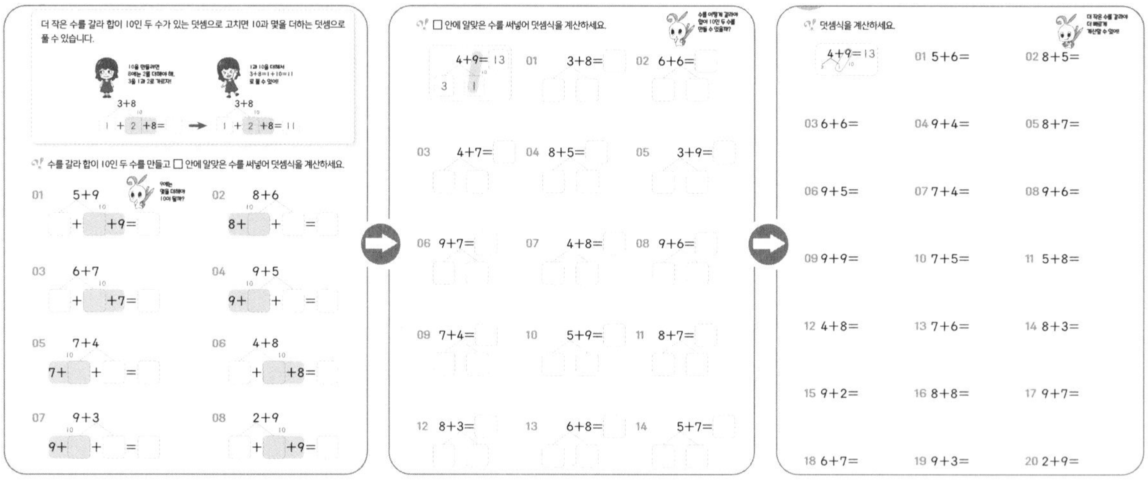

처음에는 원리에 따른 연산 방법을 따라서 연습하지만, 풀이 과정을 단계별로 단순화하고, 실전 연습까지 이어집니다.

초등 1학년 2학기

다양한 연습

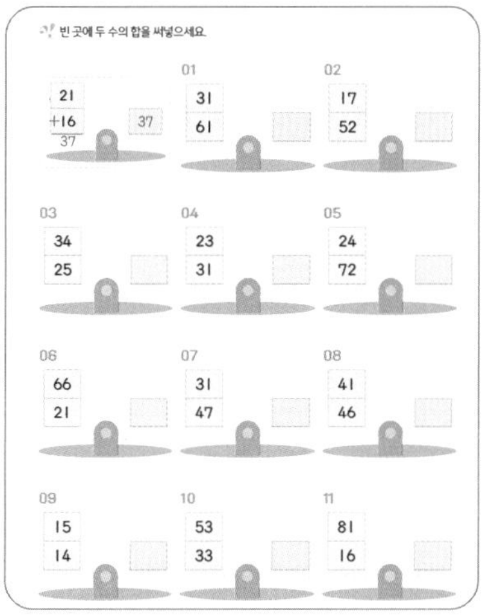

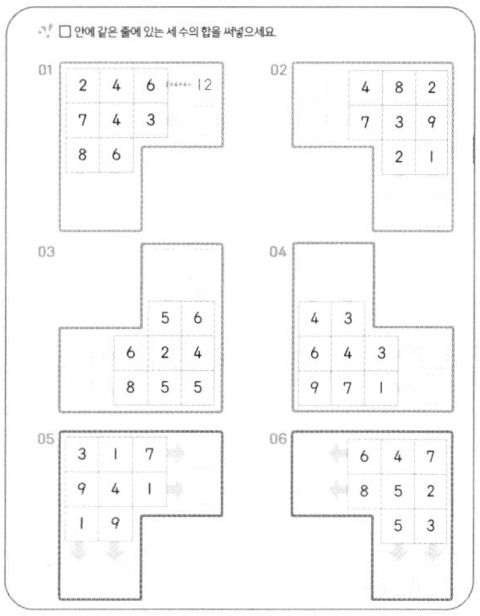

전형적인 형태의 연습 문제 위주로 집중 연습을 하지만 여러 형태의 문제도 다루면서 지루함을 최소화하도록 구성했습니다.

교과 확인

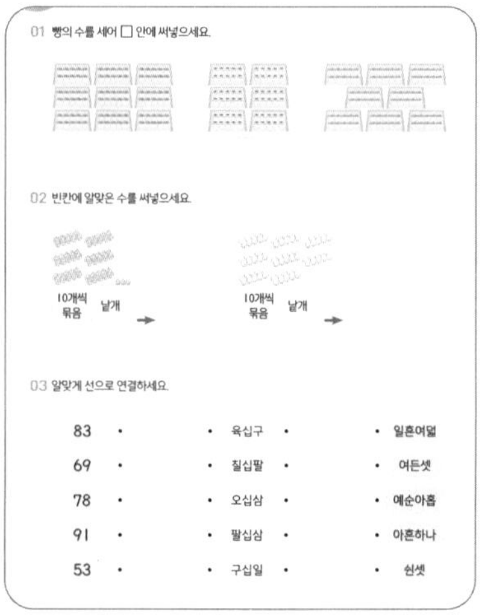

교과 유사 문제를 통해 성취도도 확인하고 교과 내용의 흐름도 파악합니다.

재미있는 퀴즈

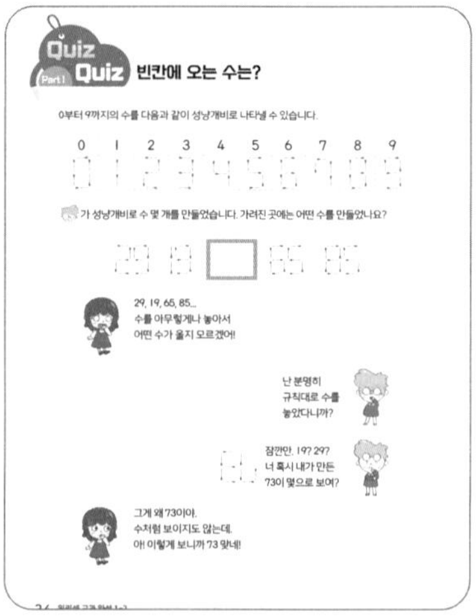

학년별 수준에 맞춘 알쏭달쏭 퀴즈를 풀면서 주위를 환기하고 다음 단원, 다음 권을 준비합니다.

교과셈

전체 단계

1-1	Part 1	9까지의 수
	Part 2	모으기, 가르기
	Part 3	덧셈과 뺄셈
	Part 4	받아올림과 받아내림의 기초
1-2	Part 1	100까지의 수
	Part 2	두 자리 수 덧셈, 뺄셈의 기초
	Part 3	(몇)+(몇)=(십몇)
	Part 4	(십몇)−(몇)=(몇)
2-1	Part 1	두 자리 수의 덧셈
	Part 2	두 자리 수의 뺄셈
	Part 3	덧셈과 뺄셈의 관계
	Part 4	곱셈
2-2	Part 1	곱셈구구
	Part 2	곱셈식의 □ 구하기
	Part 3	길이의 계산
	Part 4	시각과 시간의 계산
3-1	Part 1	덧셈과 뺄셈
	Part 2	나눗셈
	Part 3	곱셈
	Part 4	길이와 시간의 계산
3-2	Part 1	곱셈
	Part 2	나눗셈
	Part 3	분수
	Part 4	들이와 무게
4-1	Part 1	각도
	Part 2	곱셈
	Part 3	나눗셈
	Part 4	규칙이 있는 계산
4-2	Part 1	분수의 덧셈과 뺄셈
	Part 2	소수의 덧셈과 뺄셈
	Part 3	다각형의 변과 각
	Part 4	가짓수 구하기와 다각형의 각
5-1	Part 1	자연수의 혼합 계산
	Part 2	약수와 배수
	Part 3	약분과 통분, 분수의 덧셈과 뺄셈
	Part 4	다각형의 둘레와 넓이
5-2	Part 1	수의 범위와 어림하기
	Part 2	분수의 곱셈
	Part 3	소수의 곱셈
	Part 4	평균 구하기
6-1	Part 1	분수의 나눗셈
	Part 2	소수의 나눗셈
	Part 3	비와 비율
	Part 4	직육면체의 부피와 겉넓이
6-2	Part 1	분수의 나눗셈
	Part 2	소수의 나눗셈
	Part 3	비례식과 비례배분
	Part 4	원주와 원의 넓이

1 PART 100까지의 수

차시별로 정답률을 확인하고, 성취도에 O표 하세요.

80% 이상 맞혔어요. 60% ~ 80% 맞혔어요. 60% 이하 맞혔어요.

차시	단원	성취도
1	몇십	
2	몇십몇과 100	
3	100까지의 수의 순서	
4	100까지의 수 배열표	
5	수 배열표에서의 이동	
6	100까지의 수 연습	

10이 넘어가는 수는 10개씩 묶음의 수를 나타내는 숫자와 낱개의 수를 나타내는 숫자를 순서대로 써서 나타냅니다.

이걸 다 세 보라고?
난 못해!

이렇게 10개씩 묶어 세면 편해!
10개씩 묶음이 7개, 낱개가 3개니까
모두 73개야!

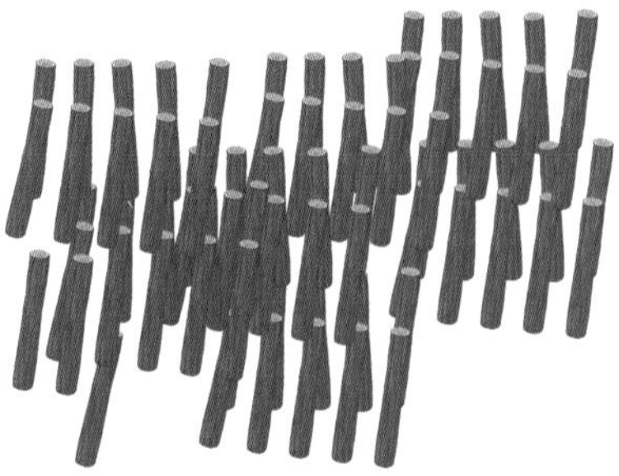

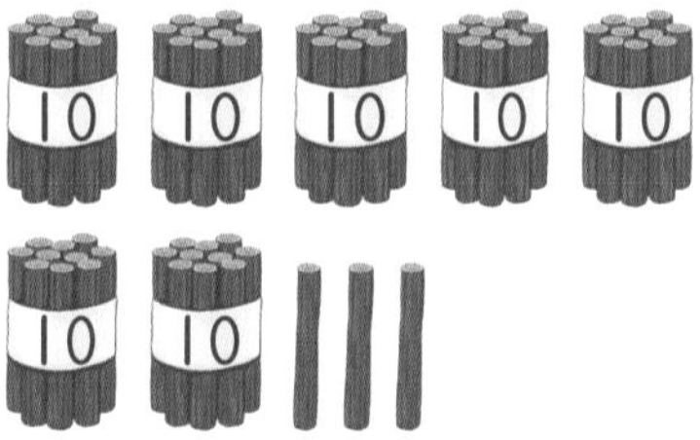

01 A

몇십

10개씩 묶음이 ☆개 있으면 ☆0 이에요

몇십은 10개씩 묶음이 몇 개인 수입니다.

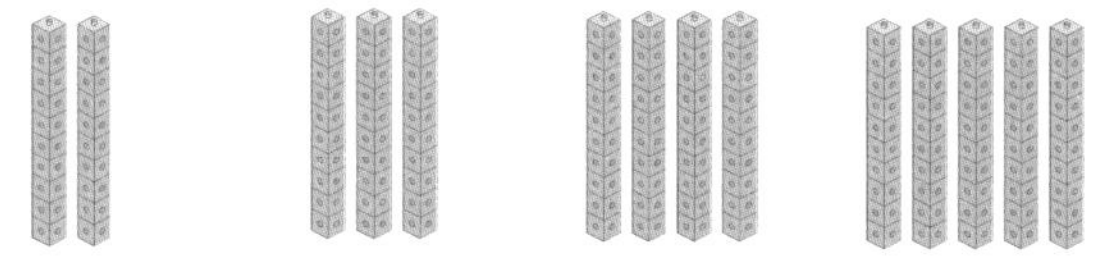

10개씩 묶음의 수	2개	3개	4개	5개
수	20	30	40	50

그림을 보고 □ 안에 알맞은 수를 써넣으세요.

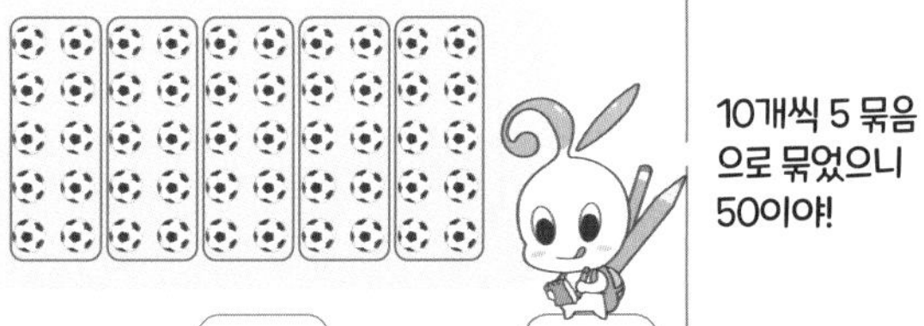

10개씩 5 묶음으로 묶었으니 50이야!

10개씩 묶음 5 개 → 50

01

10개씩 묶음 □ 개 → □

02

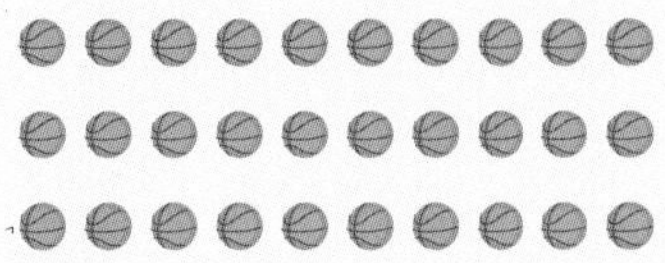

10개씩 묶음 □ 개 → □

03

10개씩 묶음 □ 개 → □

04

10개씩 묶음 □ 개 → □

05

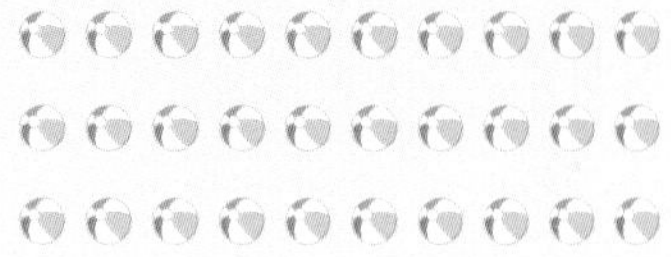

10개씩 묶음 □ 개 → □

공부한 날 : 월 일

□ 안에 알맞은 수를 써넣으세요.

→ 30

01 

→ □

02 

→ □

03 

→ □

04 

→ □

05 

→ □

06 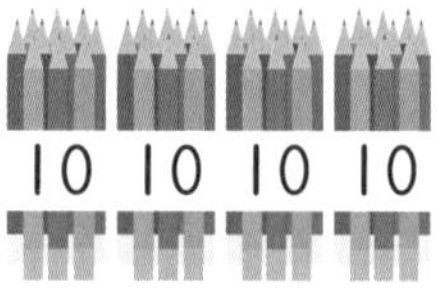

→ □

07 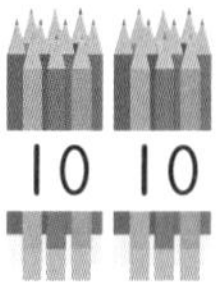

→ □

08 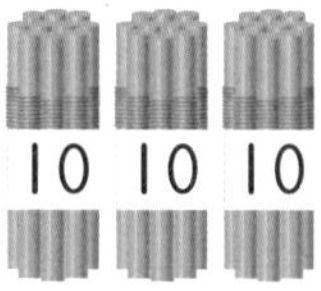

→ □

09 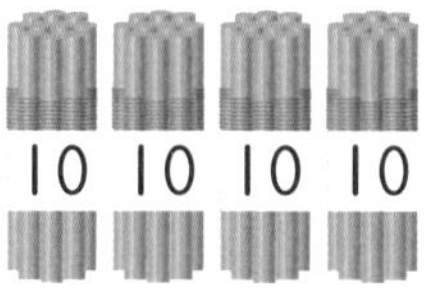

→ □

10 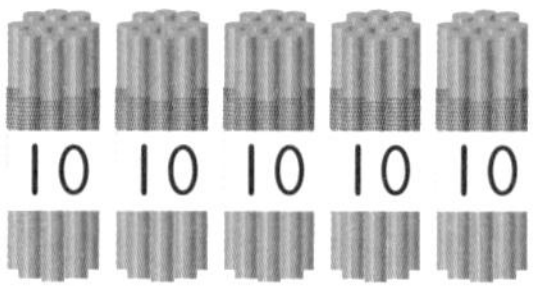

→ □

11 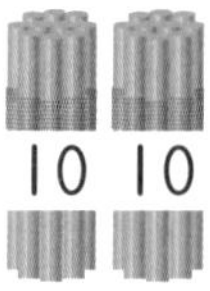

→ □

01 B 몇십
10개씩 묶음의 개수로 90까지의 몇십을 알아봐요

10개씩 묶음의 수를 세어 몇십인 수를 구할 수 있습니다.

10개씩 묶음의 수를 모으기 해서 몇십 두 개를 모을 수 있습니다.

10개씩 묶음의
수가 7이니까
70이야!

10개씩 묶음 [7] 개 → [70]

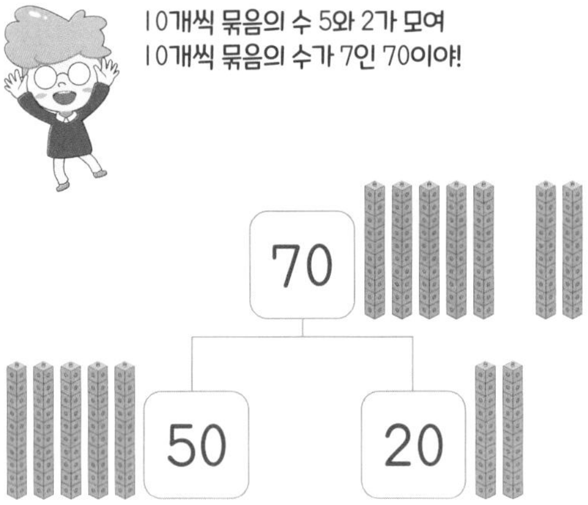
10개씩 묶음의 수 5와 2가 모여
10개씩 묶음의 수가 7인 70이야!
70
50
20

그림을 보고 □ 안에 알맞은 수를 써넣으세요.

01

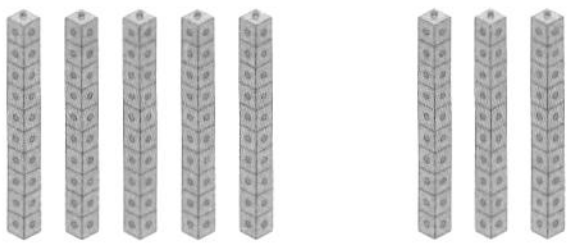

10개씩 묶음 [ ] 개 → [ ]

02

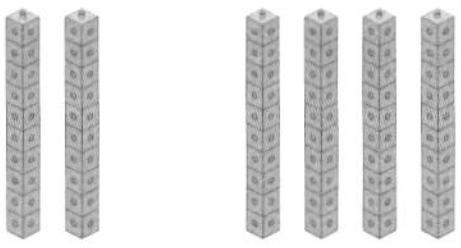

10개씩 묶음 [ ] 개 → [ ]

03

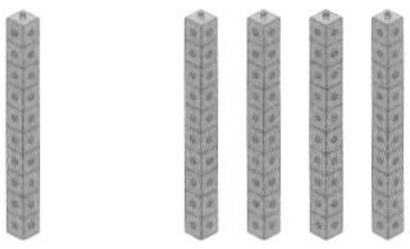

10개씩 묶음 [ ] 개 → [ ]

04

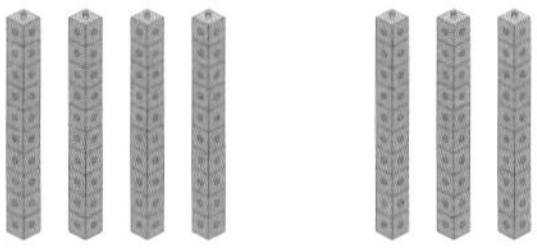

10개씩 묶음 [ ] 개 → [ ]

05

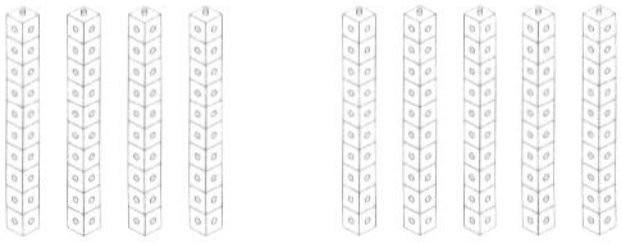

10개씩 묶음 [ ] 개 → [ ]

06

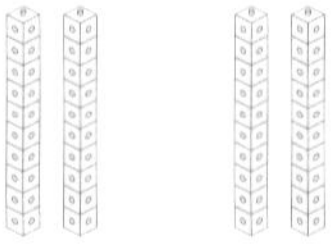

10개씩 묶음 [ ] 개 → [ ]

10개씩 묶음이 모여서
6개면 60,
7개면 70, …

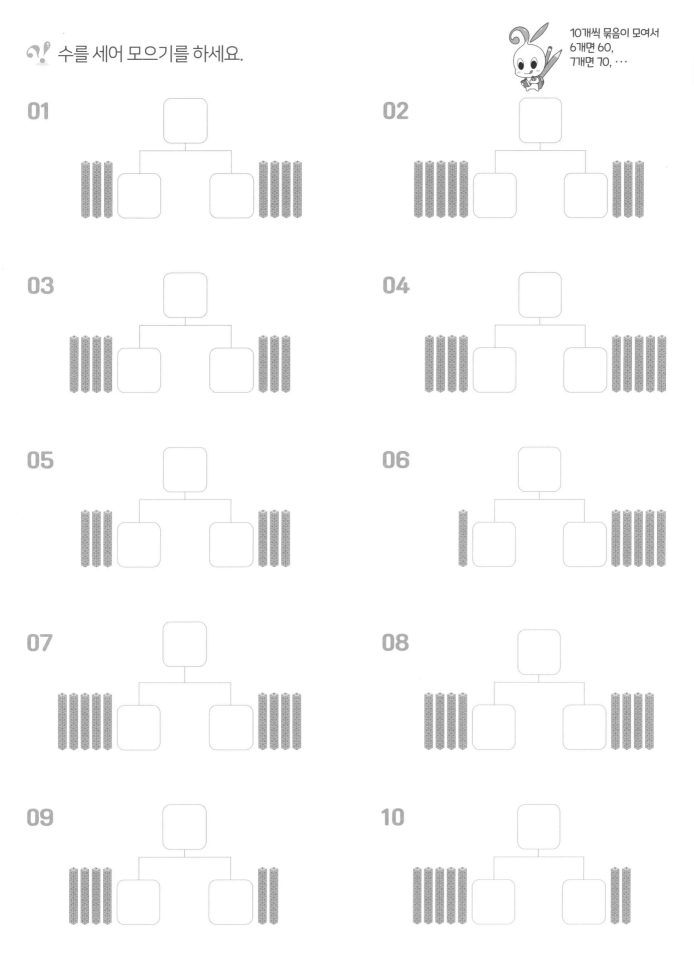

수를 세어 모으기를 하세요.

01

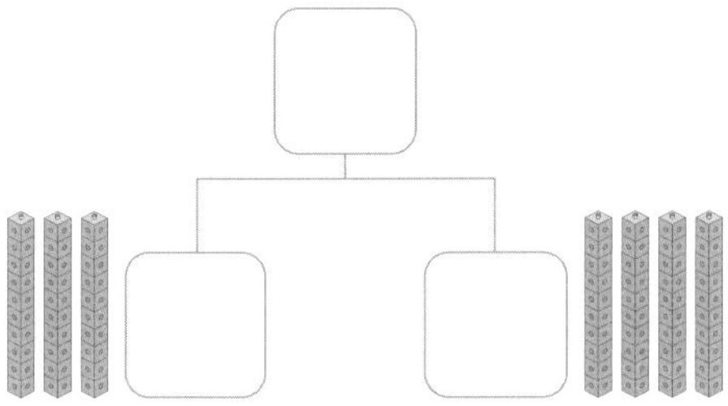

02

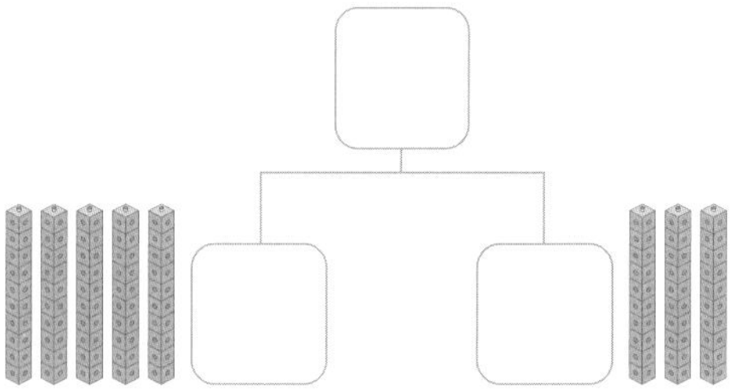

03

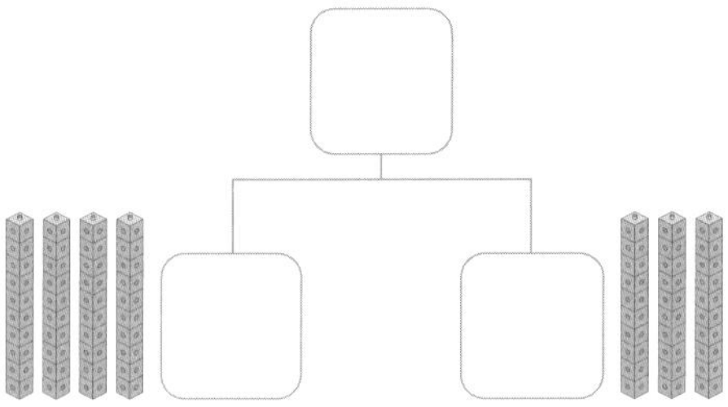

04

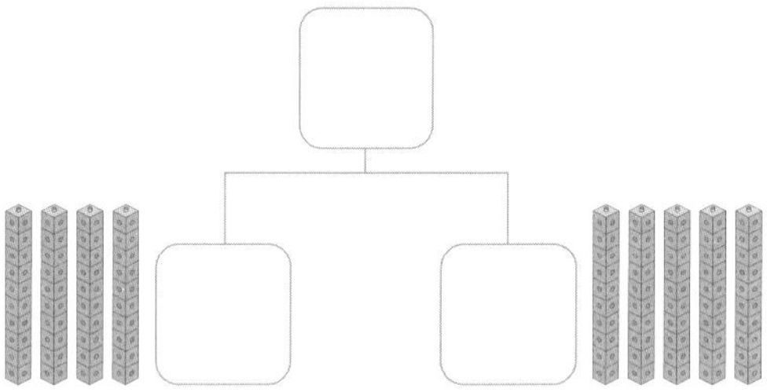

05

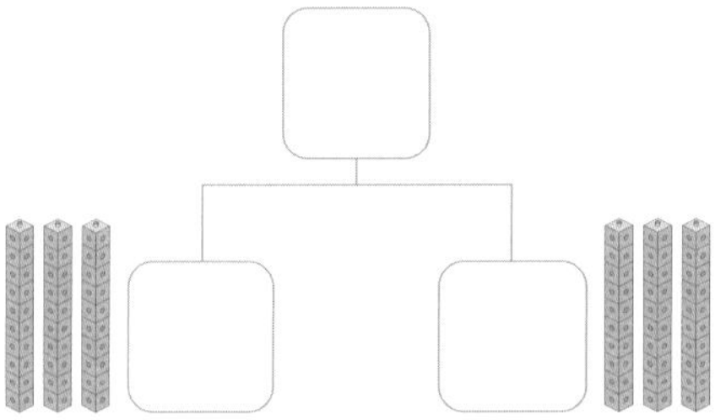

06

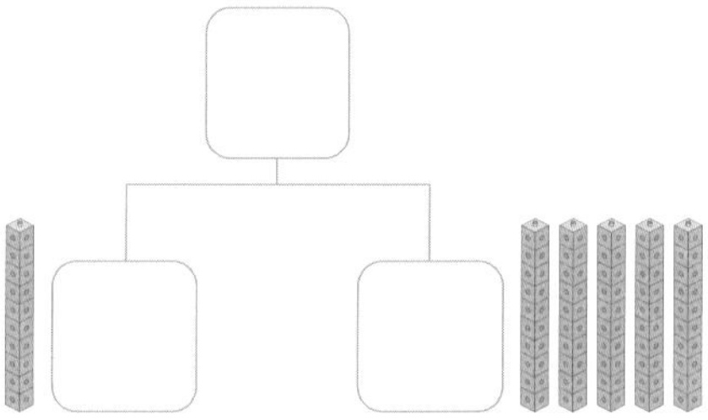

07

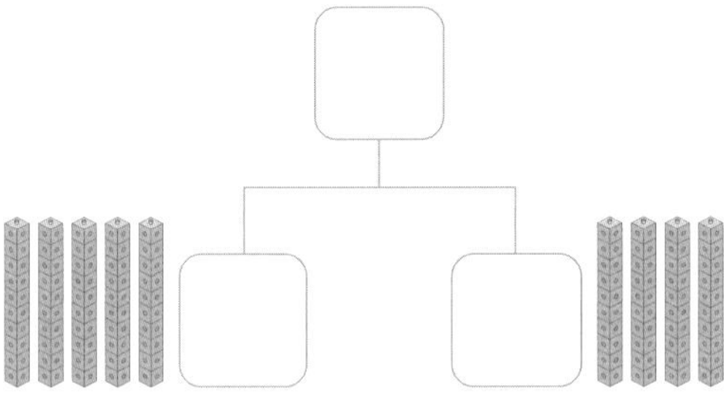

08

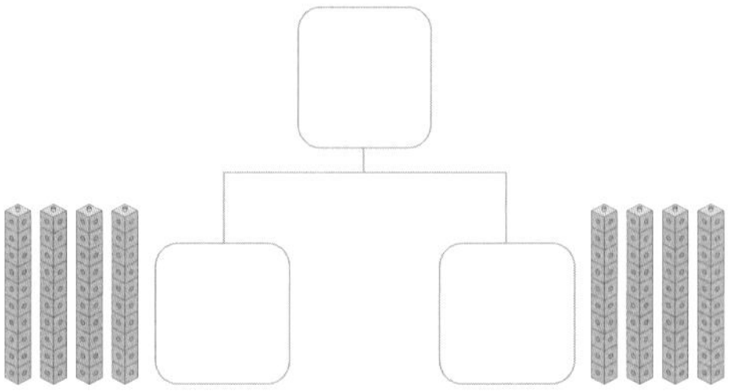

09

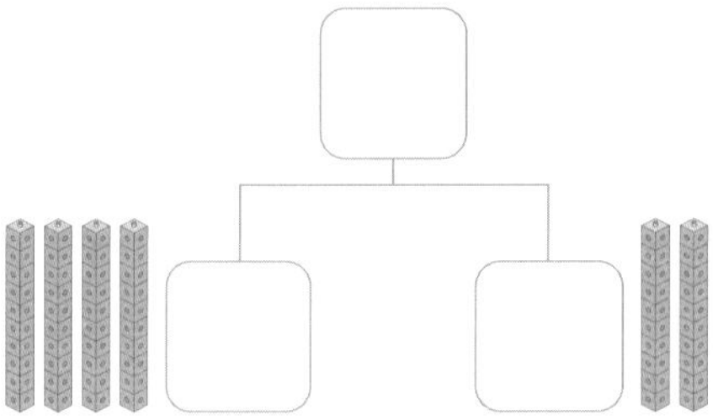

10

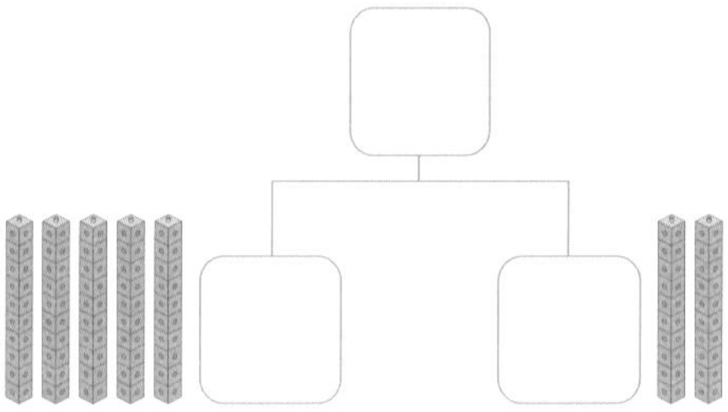

02 A 몇십과 몇이 모이면 몇십몇이 돼요

10개씩 묶음의 수와 낱개의 수를 모아서 몇십몇인 수를 구할 수 있습니다.

몇십과 몇이 모이면 몇십몇인 수가 됩니다.

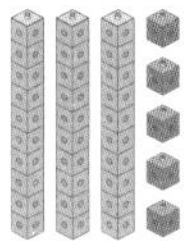

10개씩 묶음	낱개
3	5

→ 35

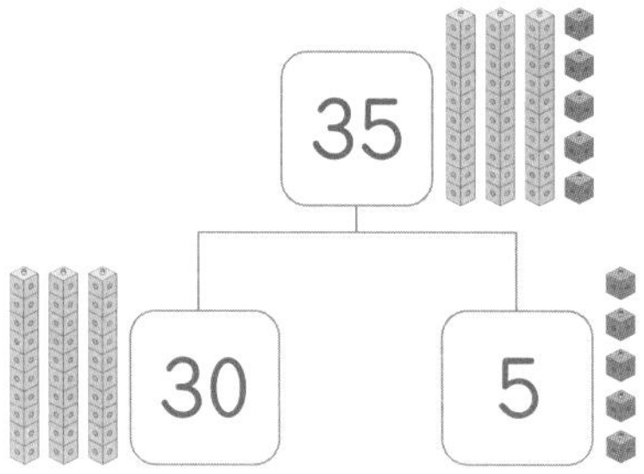

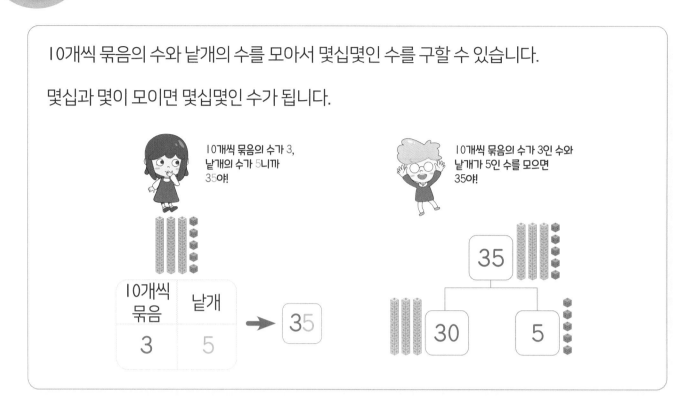

그림을 보고 빈칸에 알맞은 수를 써넣으세요.

01

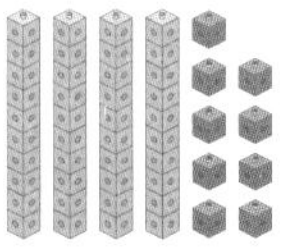

10개씩 묶음	낱개

→ ☐

02

10개씩 묶음	낱개

→ ☐

03

10개씩 묶음	낱개

→ ☐

04

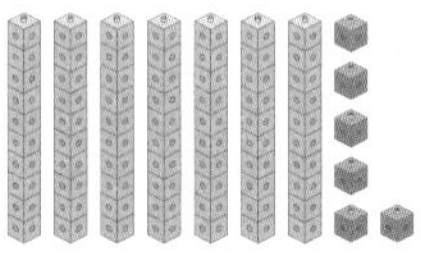

10개씩 묶음	낱개

→ ☐

05

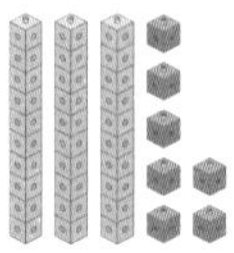

10개씩 묶음	낱개

→ ☐

06

10개씩 묶음	낱개

→ ☐

□ 안에 알맞은 수를 써넣으세요.

10개씩 묶음의 수는 왼쪽에,
낱개의 수는 오른쪽에 써야 해!

10개씩 묶음	낱개
5	3

→ 53

01

10개씩 묶음	낱개
7	5

→ □

02

10개씩 묶음	낱개
2	4

→ □

03

10개씩 묶음	낱개
4	1

→ □

04

10개씩 묶음	낱개
2	9

→ □

05

10개씩 묶음	낱개
8	4

→ □

06

10개씩 묶음	낱개
4	3

→ □

07

10개씩 묶음	낱개
5	5

→ □

08

10개씩 묶음	낱개
9	1

→ □

09

10개씩 묶음	낱개
6	5

→ □

10

10개씩 묶음	낱개
2	2

→ □

11

10개씩 묶음	낱개
3	7

→ □

12

10개씩 묶음	낱개
5	9

→ □

13

10개씩 묶음	낱개
6	8

→ □

14

10개씩 묶음	낱개
1	6

→ □

B 100은 99보다 1 큰 수, 10개씩 묶음 10개가 모인 수예요

낱개가 9개인 몇십몇이 1 커지면 10개씩 묶음이 하나 더 늘어난 몇십이 됩니다.

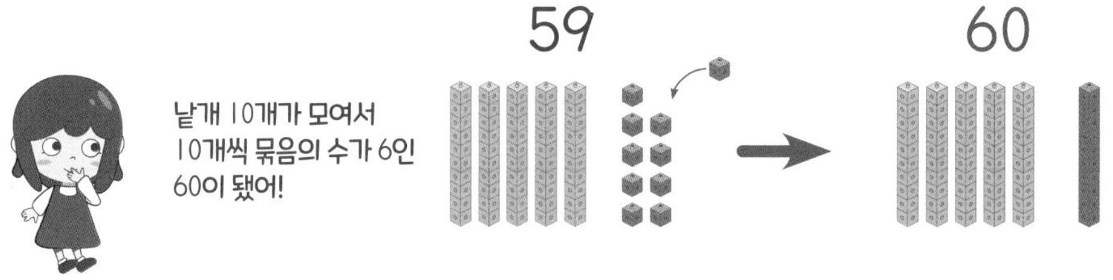

낱개 10개가 모여서
10개씩 묶음의 수가 6인
60이 됐어!
59
60

□ 안에 왼쪽의 수보다 1 큰 수를 써넣으세요.

01 29 → □

02 79 → □

03 39 → □

04 49 → □

05 69 → □

06 89 → □

99보다 1 큰 수를 100이라고 쓰고 백이라고 읽습니다.

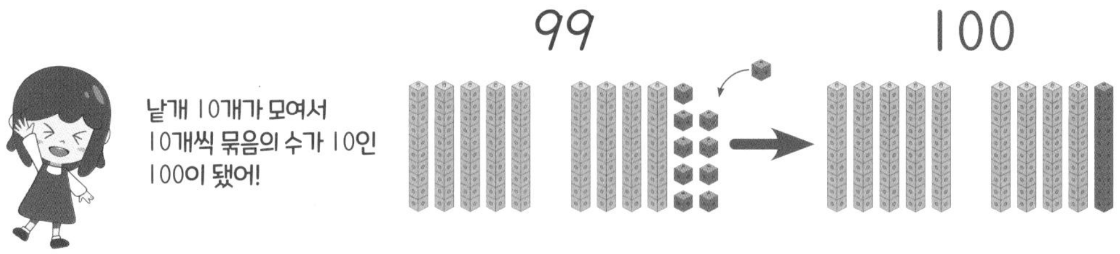

낱개 10개가 모여서
10개씩 묶음의 수가 10인
100이 됐어!
99
100

100을 나타내는 수에 모두 ○표 하세요.

07

50과 40을 모은 수	10개씩 묶음이 9개인 수
98보다 2 큰 수	90과 10을 모은 수

설마 40과 6을 모은 수를
406이라고 적는 건
아니겠지?

수를 세어 모으기를 하세요.

01

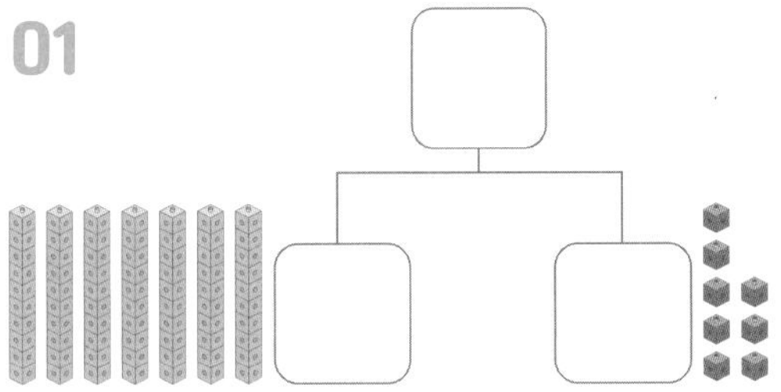

02

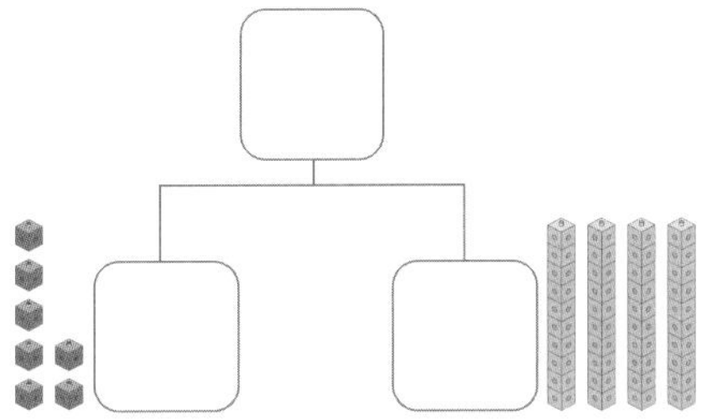

03

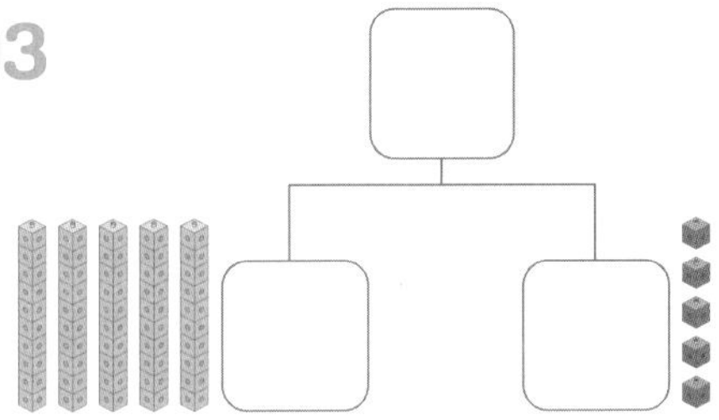

04

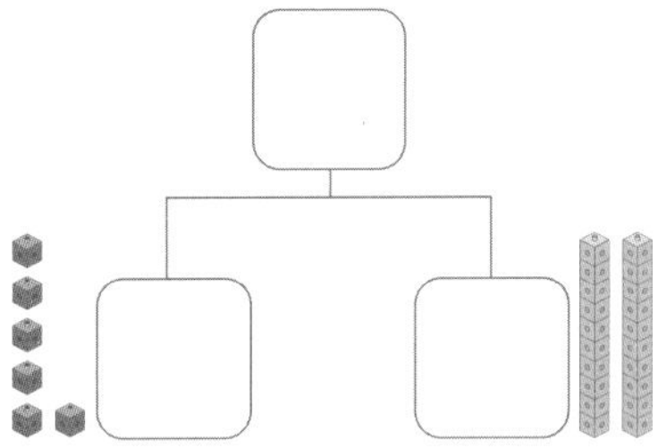

05

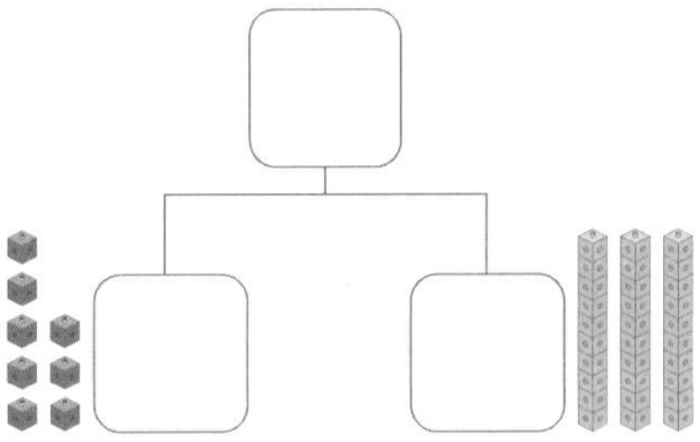

06

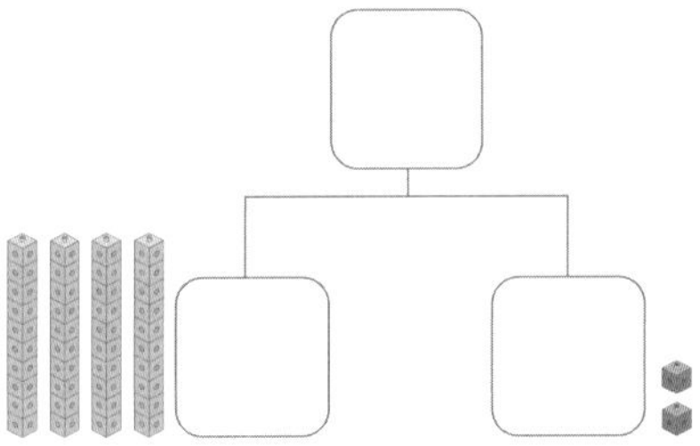

07

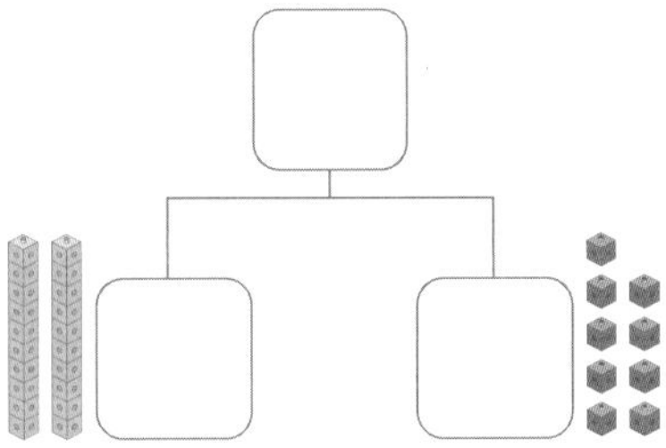

08

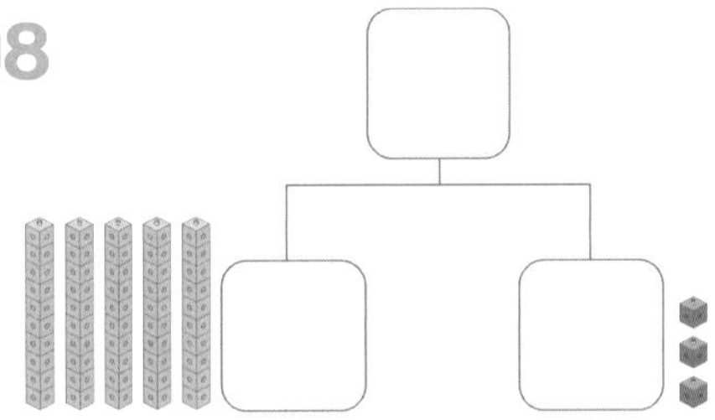

09

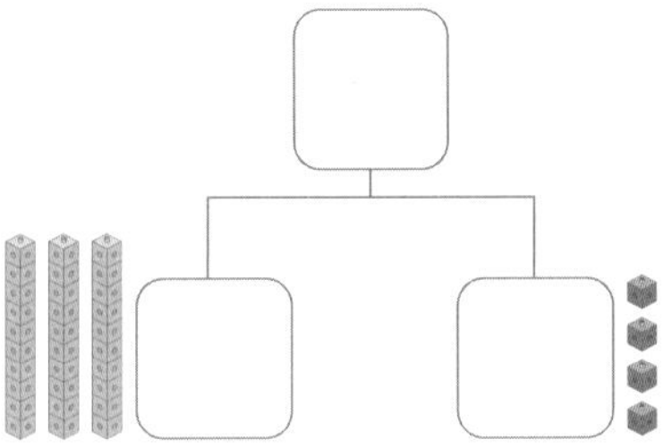

10

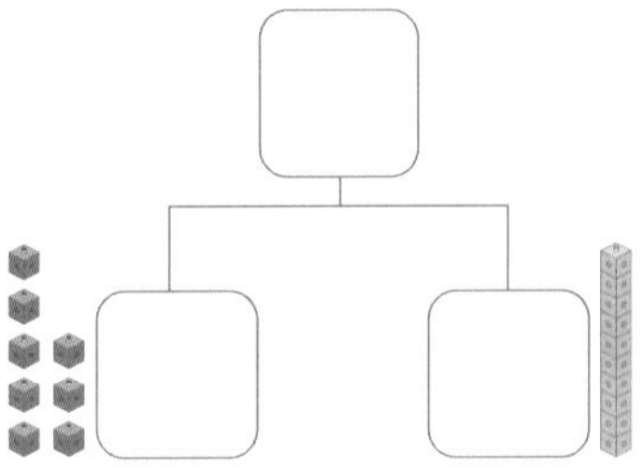

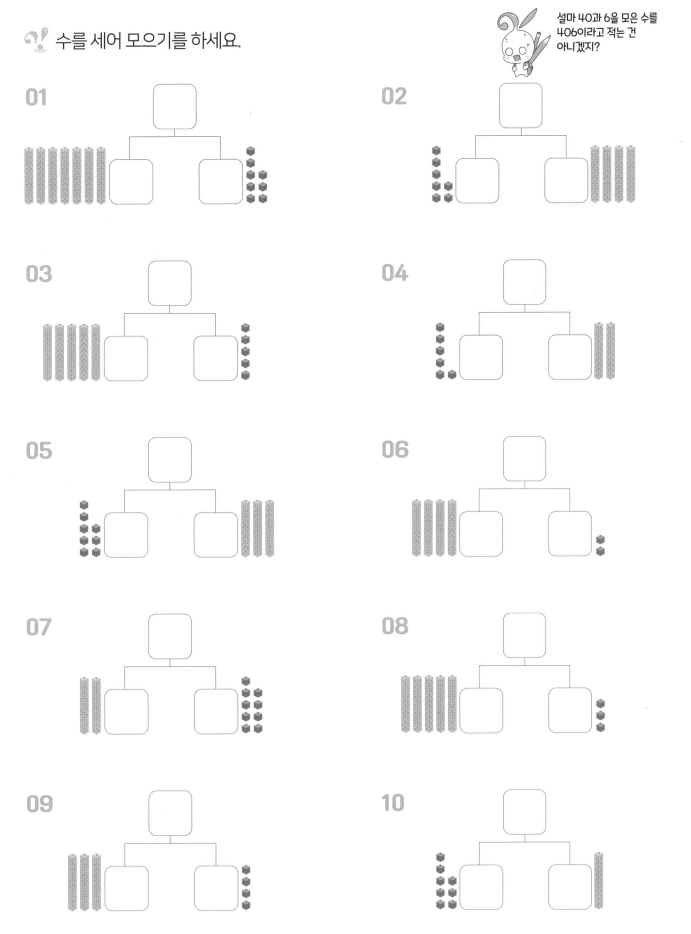

03 A 1씩 커지면 낱개의 수가 1씩 커져요

수를 순서대로 나열하면 10개씩 묶음의 수는 똑같고 낱개의 수가 1씩 커집니다.

10개씩 묶음의 수는 4로 똑같고
낱개의 수만 1, 2, 3, ···으로
1개씩 늘어나.

41 – 42 – 43 – 44 – 45 – 46 – 47 – 48 – 49

수의 순서에 맞게 빈 곳에 알맞은 수를 써넣으세요.

01 21 – ( ) – ( ) – 24 – 25 – ( ) – ( ) – ( ) – 29

02 50 – ( ) – 52 – ( ) – ( ) – 55 – ( ) – 57 – ( )

낱개가 9인 수 다음에 오는 수는 10개씩 묶음의 수가 하나 늘어난 몇십입니다.

59 다음의 수는
10개씩 묶음의 수가 6인
60이야!

58 – 59 – 60 – 61 – 62

수의 순서에 맞게 빈 곳에 알맞은 수를 써넣으세요.

03 24 – 25 – ( ) – ( ) – 28 – 29 – ( ) – ( ) – ( )

공부한 날 : 월 일

낱개의 수가 9인 수
다음에 오는 수는
잘 생각해서 찾아봐!

수의 순서에 맞게 빈 곳에 알맞은 수를 써넣으세요.

01	29			32
02	41			44
03	56			59
04	49			52
05	62			65
06	15			18
07	80			83
08	79			82
09	74			
10	35			
11	47			
12	94			
13	22			
14	88			

03 B 1씩 작아지면 낱개의 수가 1씩 작아져요

수를 거꾸로 나열하면 10개씩 묶음의 수는 똑같고 낱개의 수가 1씩 작아집니다.

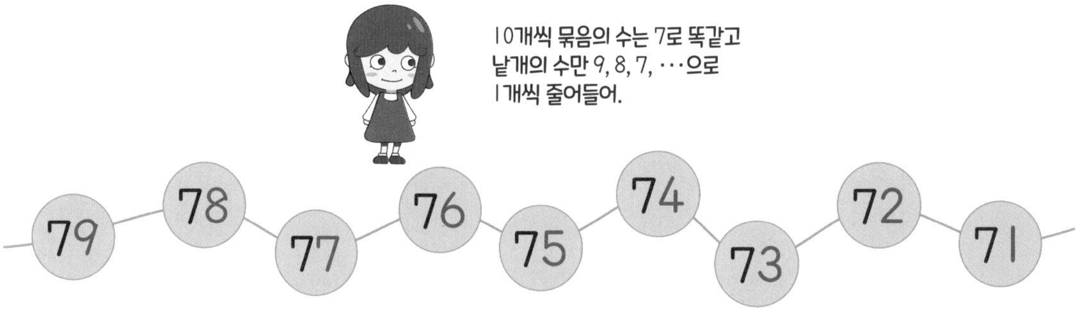

수를 거꾸로 나열하는 중입니다. 빈 곳에 알맞은 수를 써넣으세요.

01

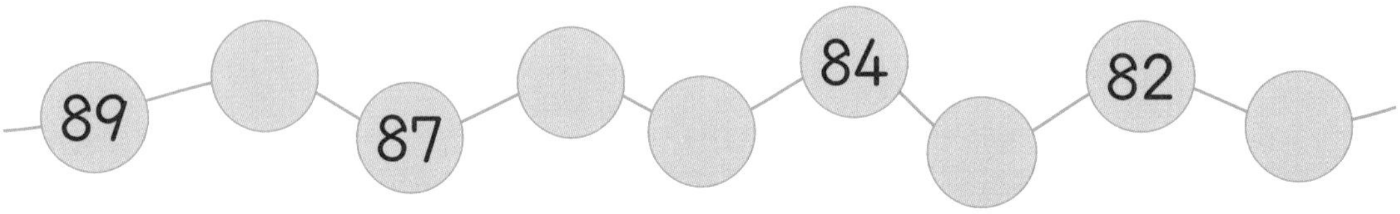

02

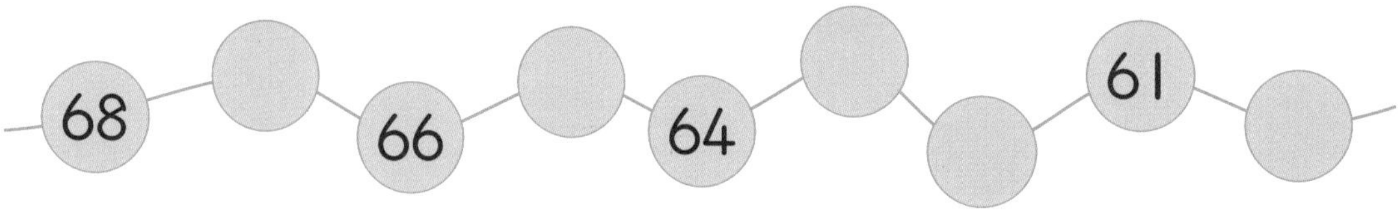

수를 거꾸로 나열하면 몇십 다음 수는 10개씩 묶음의 수가 하나 줄고 낱개의 수가 9가 됩니다.

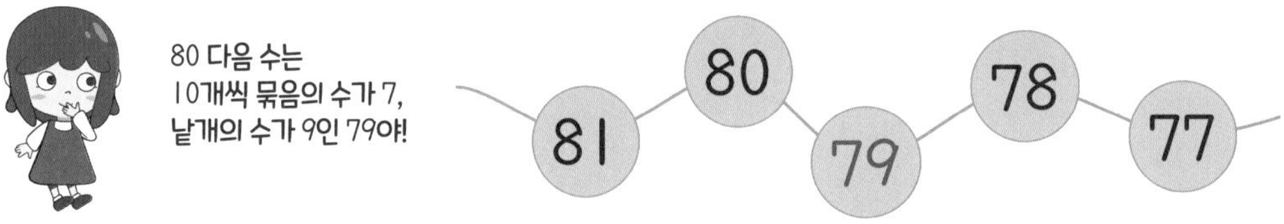

수를 거꾸로 나열하는 중입니다. 빈 곳에 알맞은 수를 써넣으세요.

03

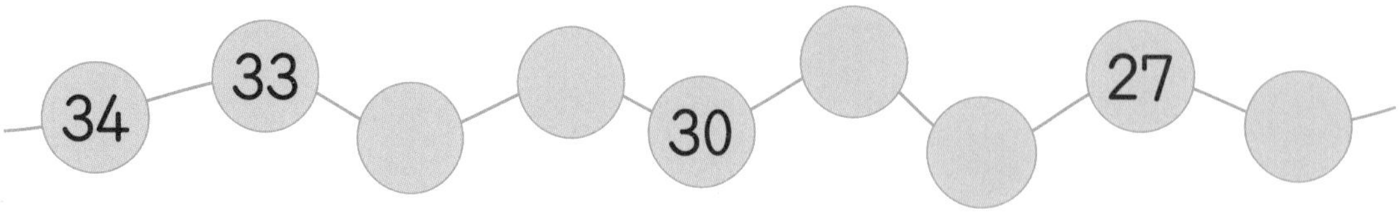

공부한 날 : 월 일

수를 거꾸로 나열하는 중입니다. 빈 곳에 알맞은 수를 써넣으세요.

1 PART

01

66 → ( ) → ( ) → 63

02

52 → ( ) → ( ) → 49

03

47 → ( ) → ( ) → 44

04

84 → ( ) → ( ) → 81

05

63 → ( ) → ( ) → 60

06

21 → ( ) → ( ) → 18

07

25 → ( ) → ( ) → 22

08

58 → ( ) → ( ) → 55

09

95 → ( ) → ( ) → ( )

10

19 → ( ) → ( ) → ( )

11

32 → ( ) → ( ) → ( )

12

70 → ( ) → ( ) → ( )

13

68 → ( ) → ( ) → ( )

14

45 → ( ) → ( ) → ( )

04 A 수 배열표로 100까지의 수를 순서대로 정리해요

수를 순서대로 정리한 표를 수 배열표라고 합니다. 1부터 100까지의 수를 다음과 같이 정리할 수 있습니다.

1	2	3	4	5	6	7	8	9	10
11	12	13	14	15	16	17	18	19	20
21	22	23	24	25	26	27	28	29	30
31	32	33	34	35	36	37	38	39	40
41	42	43	44	45	46	47	48	49	50
51	52	53	54	55	56	57	58	59	60
61	62	63	64	65	66	67	68	69	70
71	72	73	74	75	76	77	78	79	80
81	82	83	84	85	86	87	88	89	90
91	92	93	94	95	96	97	98	99	100

수 배열표의 일부입니다. 빈칸에 알맞은 수를 써넣으세요.

01

21	22	23	24	25	26	27	28	29	
31	32				36	37		39	40
	42	43			46			49	50

수 배열표를 완성하세요.

01

1	2	3	4		6	7	8	9	
		13	14	15	16		18	19	20
21	22	23		25		27	28		30
31		33	34			37	38	39	40
41	42		44	45			48	49	
51	52			55	56	57			60
61		63	64		66		68	69	70
71	72		74	75		77	78		80
81			84			87		89	90
91	92	93		95			98	99	

수 배열표의 일부입니다. 빈칸에 알맞은 수를 써넣으세요.

02

	32		34		36
41		43		45	

03

64		66	67	
		76		78

04

	16		18	19	
		27	28		30

05

	53		55	56
62			65	

Ⓑ 수 배열표의 일부를 완성해요

수 배열표의 일부입니다. 빈칸에 알맞은 수를 써넣으세요.

01

23	24	25		
33			36	37
43		45		
	54			
63				

02

	53	54		56
62		64	65	
			75	76
				86
			95	

03

			17	
			27	
				38
	45	46	47	48
54		56		58

04

	26			
35				
45		47		
55	56	57		59
		67	68	

05

41		43		45
		53	54	55
		63		65
			74	75
	82			85

06

56			59	60
66		68		
	77	78		
86	87			
	97	98		100

수 배열표의 일부입니다. 빈칸에 알맞은 수를 써넣으세요.

01

44	45		47	48
54		56		58
64		66		68
				78
84				

02

				25
31				
	42	43	44	45
51		53	54	
	62		64	65

03

56			59	
76	77	78	79	
86			89	90
	97	98		100

04

13		15	16	17
	24			27
33	34	35	36	
				47
	54			

05

	26	27	28	
35		37		39
	46	47	48	59

06

52	53		55	
62		64		66
72	73		75	76

05 A 낱개의 수가 커지는 방향, 10개씩 묶음의 수가 커지는 방향

수 배열표에서 오른쪽으로 한 칸 움직이면 낱개의 수가 1 커지고, 아래로 한 칸 움직이면 10개씩 묶음의 수가 1 커집니다.

한 칸 움직일 때마다 오른쪽과 같이 수가 커지고 작아져.

↑ : 10 작은 수　↓ : 10 큰 수

← : 1 작은 수　→ : 1 큰 수

① 위로 3칸 움직여서 10개씩 묶음의 수가 3 줄어.

② 왼쪽으로 2칸 움직여서 낱개의 수가 2 줄어.

75 ↑ ↑ ↑ ← ← 43

75 →(①) 45 →(②) 43

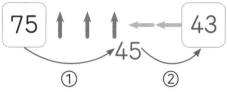

41	42	43	44	45	46	47	48	49	50
51	52	53	54	55	56	57	58	59	60
61	62	63	64	65	66	67	68	69	70
71	72	73	74	75	76	77	78	79	80

수 배열표의 수를 화살표 방향으로 움직일 때 도착하는 칸의 수를 □ 안에 써넣으세요.

01 75 ↑ ↑ ↑ □

02 45 → → → □

03 61 ↓ ↓ ↓ □

04 14 ← ← ← □

05 87 ← ← ← □

06 53 ↑ ↑ ↑ □

07 64 → → → □

08 28 ↓ ↓ ↓ □

수 배열표의 수를 화살표 방향으로 움직일 때 도착하는 칸의 수를 □ 안에 써넣으세요.

01 65 ↓ ↓ ↓ → → □

02 54 ↑ ↑ ← ← ← □

03 36 → → → ↓ ↓ □

04 49 ← ← ← ↑ ↑ □

05 75 ↑ ↑ ← ← ← □

06 82 ↓ → → → → □

07 99 ← ← ← ← ↑ □

08 32 ↓ ↓ ↓ → → □

09 11 → → ↓ ↓ ↓ □

10 43 ← ← ↑ ↑ ↑ □

11 86 ↑ ↑ ↑ ← ← □

12 23 → → → ↓ ↓ □

13 48 ← ← ↑ ↑ ↑ □

14 93 ↑ ↑ ↑ ↑ ← □

15 51 → ↓ ↓ ↓ ↓ □

16 26 ↓ ↓ → → → □

05 B 움직인 방향을 보고 몇 커지거나 작아졌는지 알 수 있어요

화살표 방향을 보고 수가 얼마나 커지거나 작아지는지 알 수 있습니다.

① 10개씩 묶음의 수가 3 늘어서, 30 커져.
② 낱개의 수가 2 늘어서, 2 커져.
③ 30 커지고, 다시 2 커져서 32 커져.

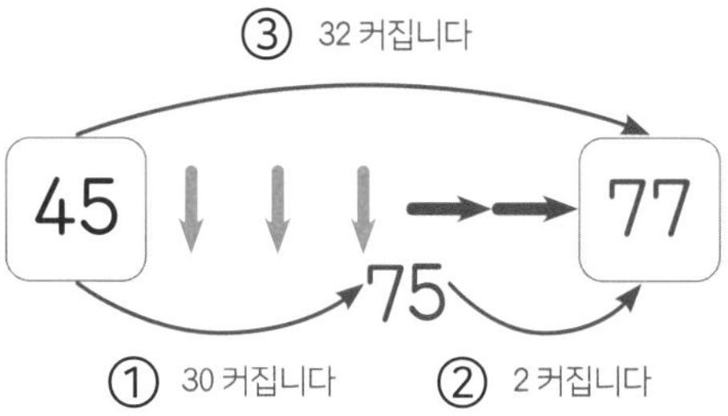

수가 32 [커집니다. / 작아집니다.] (커집니다에 ○표)

□ 안에 알맞은 수를 써넣고 알맞은 말에 ○표 하세요.

01 26 ↓ ↓ ↓ → → □
수가 □ [커집니다. / 작아집니다.]

02 64 ← ← ← ↑ ↑ □
수가 □ [커집니다. / 작아집니다.]

03 55 ← ← ↑ ↑ ↑ □
수가 □ [커집니다. / 작아집니다.]

04 21 → → → ↓ ↓ □
수가 □ [커집니다. / 작아집니다.]

05 78 ↑ ↑ ↑ ← ← □
수가 □ [커집니다. / 작아집니다.]

06 36 ↓ ↓ → → → □
수가 □ [커집니다. / 작아집니다.]

07 48 ↑ ↑ ← ← ← □
수가 □ [커집니다. / 작아집니다.]

08 17 → → ↓ ↓ ↓ □
수가 □ [커집니다. / 작아집니다.]

□ 안에 알맞은 수를 써넣고 알맞은 말에 ○표 하세요.

01 49 ←←←← ↑ □

수가 □ [커집니다. / 작아집니다.]

02 33 →→ ↓↓↓ □

수가 □ [커집니다. / 작아집니다.]

03 24 ↓↓↓ →→ □

수가 □ [커집니다. / 작아집니다.]

04 68 ↑↑↑↑ ← □

수가 □ [커집니다. / 작아집니다.]

05 15 →→→→ ↓ □

수가 □ [커집니다. / 작아집니다.]

06 94 ↑↑↑ ←← □

수가 □ [커집니다. / 작아집니다.]

07 77 ←← ↑↑↑ □

수가 □ [커집니다. / 작아집니다.]

08 56 ←←← ↑↑ □

수가 □ [커집니다. / 작아집니다.]

09 31 ↓↓ →→→ □

수가 □ [커집니다. / 작아집니다.]

10 13 →→→ ↓↓ □

수가 □ [커집니다. / 작아집니다.]

11 58 ↑↑ ←←← □

수가 □ [커집니다. / 작아집니다.]

12 26 → ↓↓↓↓ □

수가 □ [커집니다. / 작아집니다.]

100까지의 수를 연습해요

수 배열표의 일부입니다. 빈칸에 알맞은 수를 써넣으세요.

01

		74		76	
82	83		85		87

02

24	25			28
	35		37	

03

	32			35	
41		43	44		46

04

	57	58		60
66			69	

05

	14			17
	24	25	26	
33		35		
	44			
	54			

06

			47	
				58
			67	
74	75		77	
84		86		88

07

51	52	53		55
		63	64	
71	72		74	75

08

32	33		35	36
	43	44		46
52	53		55	

□ 안에 알맞은 수를 써넣고 알맞은 말에 ○표 하세요.

01 43 ← ← ↑ ↑ ↑ □

수가 □ [커집니다. / 작아집니다.]

02 51 → → → → ↓ □

수가 □ [커집니다. / 작아집니다.]

03 67 ↑ ↑ ↑ ← ← □

수가 □ [커집니다. / 작아집니다.]

04 65 → → → ↓ ↓ □

수가 □ [커집니다. / 작아집니다.]

05 25 → → ↓ ↓ ↓ □

수가 □ [커집니다. / 작아집니다.]

06 74 ← ← ← ↑ ↑ □

수가 □ [커집니다. / 작아집니다.]

07 93 ← ↑ ↑ ↑ ↑ □

수가 □ [커집니다. / 작아집니다.]

08 62 ↓ ↓ → → → □

수가 □ [커집니다. / 작아집니다.]

09 44 → ↓ ↓ ↓ ↓ □

수가 □ [커집니다. / 작아집니다.]

10 49 ↑ ↑ ← ← ← □

수가 □ [커집니다. / 작아집니다.]

11 32 ↓ ↓ ↓ → → □

수가 □ [커집니다. / 작아집니다.]

12 56 ↑ ← ← ← ← □

수가 □ [커집니다. / 작아집니다.]

교과에선 이런 문제를 다루어요

01 빵의 수를 세어 □ 안에 써넣으세요.

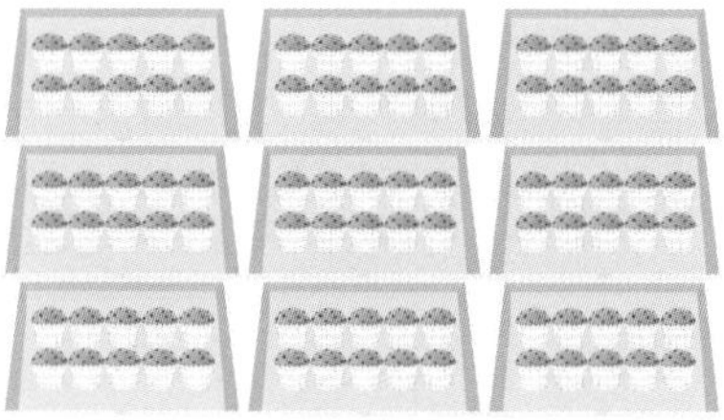

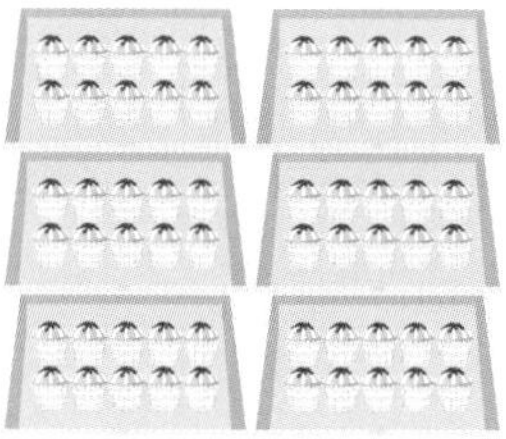

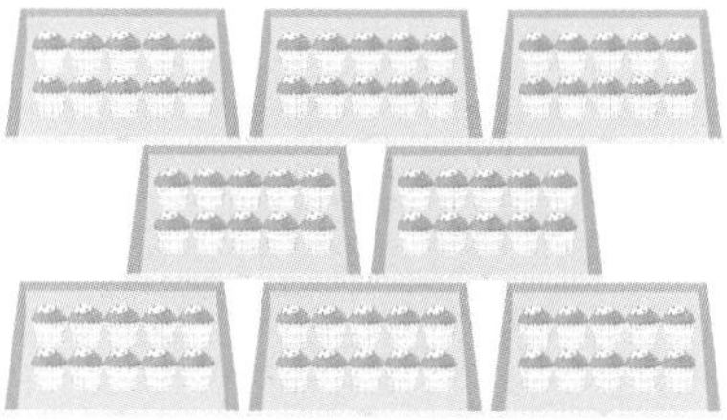

02 빈칸에 알맞은 수를 써넣으세요.

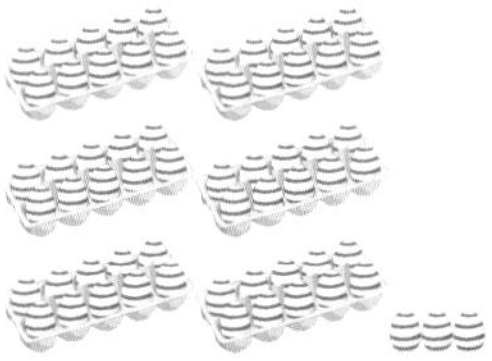

10개씩 묶음	낱개

→ □

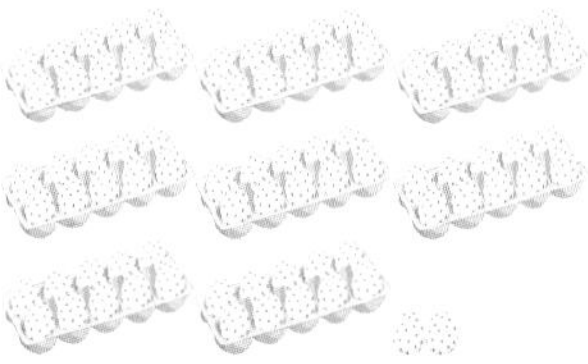

10개씩 묶음	낱개

→ □

03 알맞게 선으로 연결하세요.

83 •	• 육십구 •	• 일흔여덟
69 •	• 칠십팔 •	• 여든셋
78 •	• 오십삼 •	• 예순아홉
91 •	• 팔십삼 •	• 아흔하나
53 •	• 구십일 •	• 쉰셋

04 빈칸에 알맞은 수를 써넣으세요.

74 – □ – □ – 77

□ – 63 – 64 – □

□ – 89 – □ – 91

57 – □ – 59 – □

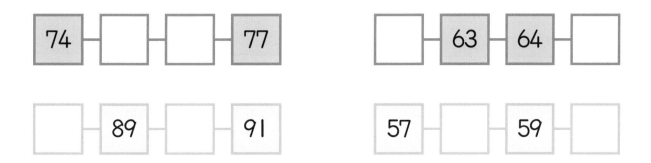

05 수를 세어 □ 안에 쓰고 가장 큰 수에 ○표, 가장 작은 수에 △표 하세요.

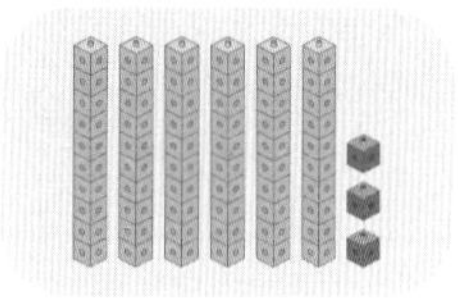
□

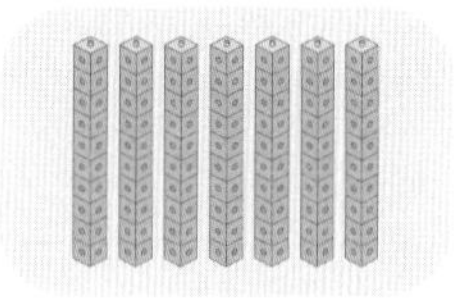
□

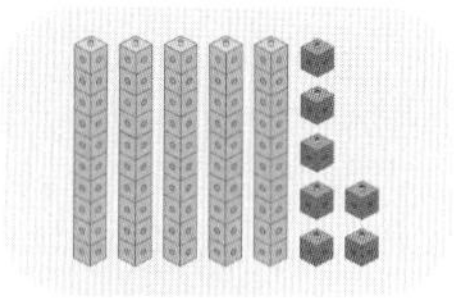
□

06 상자를 번호 순서대로 쌓았습니다. 번호가 없는 상자에 알맞은 번호를 써넣으세요.

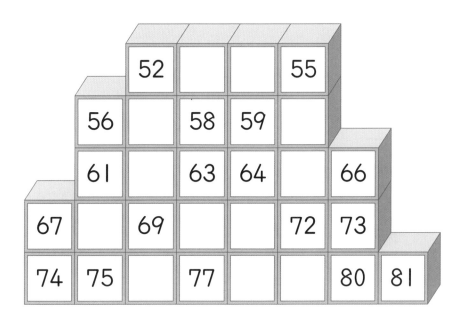

		52			55		
	56		58	59			
	61		63	64		66	
67		69			72	73	
74	75		77			80	81

Quiz Quiz Part 1 가려진 곳의 수는?

0부터 9까지의 수를 다음과 같이 성냥개비로 나타낼 수 있습니다.

0	1	2	3	4	5	6	7	8	9

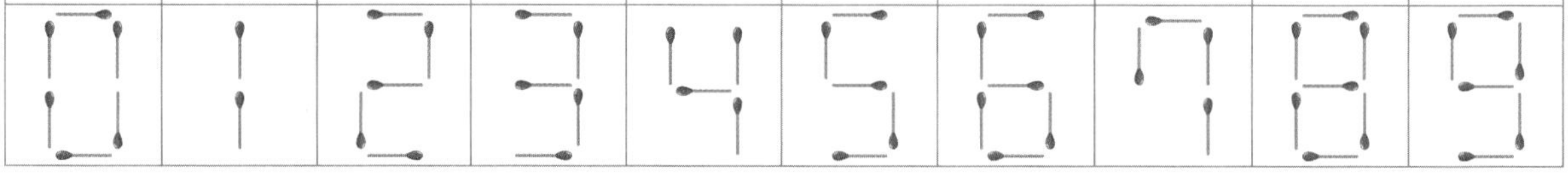

가 성냥개비로 수 몇 개를 만들었습니다. 가려진 곳에는 어떤 수를 만들었을까요?

29, 19, 65, 85...
수를 아무렇게나 놓아서
어떤 수가 올지 모르겠어!

난 분명히
규칙대로 수를
놓았다니까?

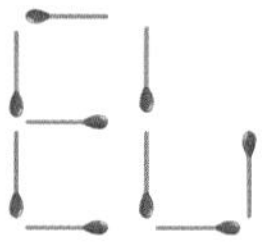

잠깐만. 29? 19?
너 혹시 내가 만든
73이 몇으로 보여?

그게 왜 73이야.
수처럼 보이지도 않는데.
아! 이렇게 보니까 73 맞네!

2 PART 두 자리 수 덧셈, 뺄셈의 기초

차시별로 정답률을 확인하고, 성취도에 O표 하세요.

80% 이상 맞혔어요. 60%~80% 맞혔어요. 60% 이하 맞혔어요.

차시	단원	성취도
7	(몇십)+(몇십), (몇십)+(몇)	
8	(몇십몇)+(몇), (몇십몇)+(몇십)	
9	받아올림 없는 두 자리 수 덧셈	
10	세로셈으로 더하기	
11	받아올림 없는 두 자리 수 덧셈 연습	
12	(몇십)-(몇십), (몇십), (몇)이 되는 뺄셈	
13	(몇십몇)-(몇), (몇십몇)-(몇십)	
14	받아내림 없는 두 자리 수 뺄셈	
15	세로셈으로 빼기	
16	받아내림 없는 두 자리 수 뺄셈 연습	
17	두 자리 수 덧셈, 뺄셈 연습	

십이 넘어가는 수의 덧셈과 뺄셈은 10개씩 묶음의 수끼리 더하거나 빼고, 낱개의 수끼리 더하거나 빼서 계산합니다.

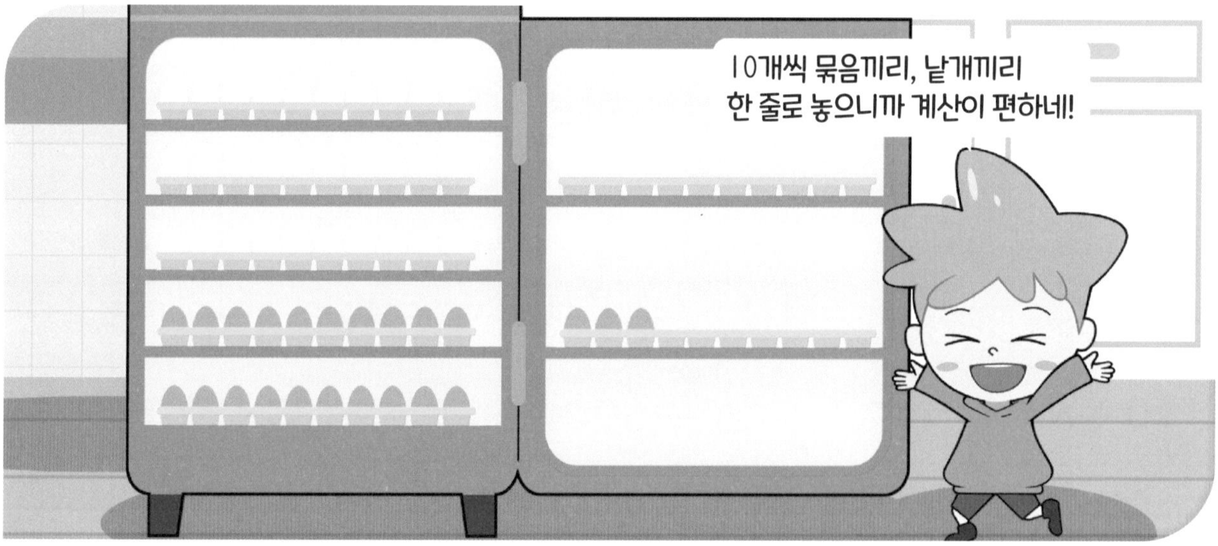

10개씩 묶음끼리, 낱개끼리
한 줄로 놓으니까 계산이 편하네!

(몇십)+(몇십), (몇십)+(몇)

07 A 10개씩 묶음의 수의 합을 구해요

10개씩 묶음의 수를 더해서 몇십 두 개의 합을 구할 수 있습니다.

10개씩 묶음의 수의
합은 4+3=7이야.

4 + 3 = 7

40+30= □

→

40+30은
10개씩 묶음의 수가
7인 70이야!

4 + 3 = 7

40+30= 70

○ 안에 10개씩 묶음의 수를 써넣고, 덧셈식을 계산하세요.

01 ○ + ○ = ○

20+50=

02 ○ + ○ = ○

30+30=

03 ○ + ○ = ○

50+30=

04 ○ + ○ = ○

60+30=

05 ○ + ○ = ○

10+40=

06 ○ + ○ = ○

30+40=

07 ○ + ○ = ○

50+40=

08 ○ + ○ = ○

60+10=

09 ○ + ○ = ○

40+20=

10 ○ + ○ = ○

40+40=

11 ○ + ○ = ○

20+60=

12 ○ + ○ = ○

20+30=

공부한 날 : 월 일

바로 안 풀리면
10개씩 묶음의 수를
먼저 생각해 봐!

계산하세요.

01 $20+30=$	02 $10+60=$	03 $40+20=$
04 $10+80=$	05 $70+20=$	06 $20+10=$
07 $10+30=$	08 $60+30=$	09 $40+40=$
10 $20+50=$	11 $40+10=$	12 $30+30=$
13 $20+40=$	14 $10+10=$	15 $40+30=$
16 $50+40=$	17 $30+50=$	18 $30+20=$
19 $20+20=$	20 $50+20=$	21 $60+20=$

B 하나는 10개씩 묶음의 수, 하나는 낱개의 수

몇십의 10개씩 묶음의 수를 세어 몇십과 몇의 합을 구할 수 있습니다.

10개씩 묶음	낱개
5	4

50＋4＝☐

→

10개씩 묶음	낱개
5	4

50＋4＝54

빈칸에 10개씩 묶음의 수와 낱개의 수를 써넣고, 덧셈식을 계산하세요.

01

10개씩 묶음	낱개

20＋9＝

02

10개씩 묶음	낱개

60＋1＝

03

10개씩 묶음	낱개

8＋10＝

04

10개씩 묶음	낱개

90＋3＝

05

10개씩 묶음	낱개

7＋30＝

06

10개씩 묶음	낱개

80＋6＝

07

10개씩 묶음	낱개

5＋70＝

08

10개씩 묶음	낱개

50＋3＝

09

10개씩 묶음	낱개

2＋40＝

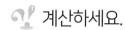

몇십인 수로는 10개씩 묶음의 수를,
몇인 수로는 낱개의 수를 알 수 있어!

계산하세요.

01 $20+4=$

02 $50+7=$

03 $7+70=$

04 $9+40=$

05 $90+5=$

06 $30+5=$

07 $3+30=$

08 $6+80=$

09 $7+10=$

10 $50+2=$

11 $6+20=$

12 $40+6=$

13 $70+2=$

14 $80+9=$

15 $8+60=$

16 $60+4=$

17 $40+1=$

18 $90+4=$

19 $8+90=$

20 $20+7=$

21 $70+1=$

08 (몇십몇)+(몇), (몇십몇)+(몇십)

A 낱개의 수가 늘어나요

몇십몇에 몇을 더할 때 10개씩 묶음의 수는 그대로 쓰고 낱개의 수를 더합니다.

10개씩 묶음의 수는 그대로 2야.
낱개의 수인 3, 4를 더하자.

10개씩 묶음	낱개
2	

23+4=

→

23+4는
10개씩 묶음의 수가 2, 낱개의 수가 7인
27이야!

10개씩 묶음	낱개
2	7

3+4=7

23+4= 27

빈칸에 10개씩 묶음의 수와 낱개의 수의 합을 써넣고, 덧셈식을 계산하세요.

01

10개씩 묶음	낱개

54+2=

02

10개씩 묶음	낱개

61+7=

03

10개씩 묶음	낱개

3+35=

04

10개씩 묶음	낱개

2+44=

05

10개씩 묶음	낱개

36+3=

06

10개씩 묶음	낱개

5+22=

07

10개씩 묶음	낱개

61+3=

08

10개씩 묶음	낱개

54+4=

09

10개씩 묶음	낱개

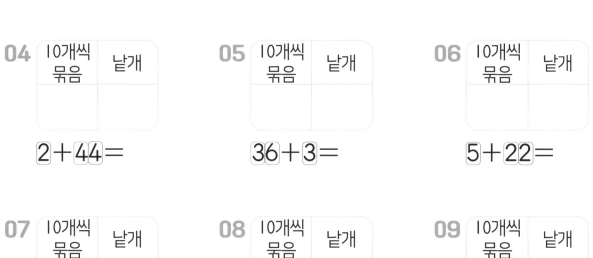

6+72=

계산하세요.

01 $31+2=$

02 $71+3=$

03 $41+6=$

04 $7+51=$

05 $52+3=$

06 $7+21=$

07 $84+4=$

08 $34+3=$

09 $63+5=$

10 $44+2=$

11 $3+92=$

12 $5+72=$

13 $4+95=$

14 $14+1=$

15 $5+43=$

16 $5+32=$

17 $81+3=$

18 $17+2=$

19 $62+4=$

20 $22+5=$

21 $56+2=$

08 B (몇십몇)+(몇), (몇십몇)+(몇십)
10개씩 묶음의 수가 늘어나요

몇십몇에 몇십을 더할 때 낱개의 수는 그대로 쓰고 10개씩 묶음의 수를 더합니다.

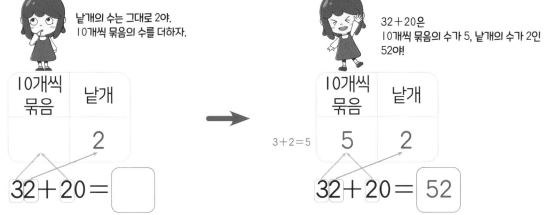

낱개의 수는 그대로 2야.
10개씩 묶음의 수를 더하자.

10개씩 묶음	낱개
	2

32+20= ☐

→

32+20은
10개씩 묶음의 수가 5, 낱개의 수가 2인
52야!

10개씩 묶음	낱개
5	2

3+2=5

32+20= 52

빈칸에 10개씩 묶음의 수의 합과 낱개의 수를 써넣고, 덧셈식을 계산하세요.

01

10개씩 묶음	낱개

65+30=

02

10개씩 묶음	낱개

47+20=

03

10개씩 묶음	낱개

30+46=

04

10개씩 묶음	낱개

20+17=

05

10개씩 묶음	낱개

28+50=

06

10개씩 묶음	낱개

23+30=

07

10개씩 묶음	낱개

40+45=

08

10개씩 묶음	낱개

39+30=

09

10개씩 묶음	낱개

19+40=

계산하세요.

01 31+40=

02 25+50=

03 19+50=

04 55+30=

05 20+28=

06 30+54=

07 75+20=

08 42+20=

09 40+53=

10 64+20=

11 12+60=

12 48+10=

13 34+60=

14 70+14=

15 53+20=

16 27+40=

17 44+40=

18 60+32=

19 17+40=

20 44+10=

21 30+37=

09 A 10개씩 묶음의 수끼리, 낱개의 수끼리 더해요

10개씩 묶음의 수끼리, 낱개의 수끼리 더해서 몇십몇 두 개의 합을 구합니다.

10개씩 묶음의 수인 3, 2를 더하고
낱개의 수인 4, 5를 더하자.

10개씩 묶음	낱개
5	9

3+2=5　　4+5=9

34+25= □

→

34+25는
10개씩 묶음의 수가 5, 낱개의 수가 9인
59야!

10개씩 묶음	낱개
5	9

34+25= 59

빈칸에 10개씩 묶음의 수의 합과 낱개의 수의 합을 써넣고, 덧셈식을 계산하세요.

01

10개씩 묶음	낱개

14+32=

02

10개씩 묶음	낱개

17+51=

03

10개씩 묶음	낱개

46+23=

04

10개씩 묶음	낱개

52+42=

05

10개씩 묶음	낱개

53+14=

06

10개씩 묶음	낱개

16+33=

07

10개씩 묶음	낱개

36+41=

08

10개씩 묶음	낱개

73+15=

09

10개씩 묶음	낱개

28+51=

공부한 날 : 월 일

빈칸에 10개씩 묶음의 수의 합과 낱개의 수의 합을 써넣고, 덧셈식을 계산하세요.

10개씩 묶음의 수는 10개씩 묶음의 수끼리, 낱개의 수는 낱개의 수끼리 더해야 해!

2 PART

01

10개씩 묶음	낱개

16+12=

02

10개씩 묶음	낱개

43+21=

03

10개씩 묶음	낱개

72+24=

04

10개씩 묶음	낱개

43+43=

05

10개씩 묶음	낱개

17+41=

06

10개씩 묶음	낱개

54+32=

07

10개씩 묶음	낱개

62+15=

08

10개씩 묶음	낱개

12+55=

09

10개씩 묶음	낱개

26+62=

10

10개씩 묶음	낱개

51+32=

11

10개씩 묶음	낱개

13+51=

12

10개씩 묶음	낱개

35+24=

13

10개씩 묶음	낱개

24+54=

14

10개씩 묶음	낱개

31+25=

15

10개씩 묶음	낱개

84+11=

09 받아올림 없는 두 자리 수 덧셈

B 가로셈을 한 번 더 연습해요

10개씩 묶음의 수는 10개씩 묶음의 수끼리,
낱개의 수는 낱개의 수끼리 계산하자!
헷갈리면 안 돼!

계산하세요.

01 42 + 17 =

02 32 + 34 =

03 25 + 22 =

04 25 + 43 =

05 25 + 54 =

06 34 + 22 =

07 66 + 12 =

08 55 + 31 =

09 14 + 75 =

10 12 + 11 =

11 44 + 33 =

12 48 + 51 =

13 56 + 12 =

14 28 + 41 =

15 42 + 45 =

16 27 + 61 =

17 16 + 23 =

18 65 + 32 =

19 51 + 14 =

20 32 + 15 =

21 13 + 22 =

계산하세요.

01 $15+51=$

02 $66+23=$

03 $21+14=$

04 $41+32=$

05 $52+41=$

06 $11+36=$

07 $25+54=$

08 $12+41=$

09 $13+23=$

10 $35+51=$

11 $64+35=$

12 $16+41=$

13 $46+13=$

14 $73+12=$

15 $42+32=$

16 $12+24=$

17 $25+32=$

18 $37+51=$

19 $53+15=$

20 $26+41=$

21 $55+42=$

10 A 세로셈으로 더하기

자리를 맞추어 적은 다음 세로로 더해요

세로셈을 할 때는 먼저 10개씩 묶음의 수끼리, 낱개의 수끼리 같은 줄로 맞춥니다. 그다음 같은 줄의 수끼리 더해 두 수의 합을 구합니다.

5, 2를 같은 줄에 쓰고,
7, 1을 같은 줄에 써.

$57+21=$

$$\begin{array}{r} 5\,7 \\ +\,2\,1 \\ \hline \end{array}$$

→

5와 2의 합은
5, 2 아래에 써!

$57+21=$

$$\begin{array}{r} 5\,7 \\ +\,2\,1 \\ \hline 7 \end{array}$$

$5+2=7$

→

7과 1의 합을
7, 1 아래에 쓰면
세로셈 완성!

$57+21=78$

$$\begin{array}{r} 5\,7 \\ +\,2\,1 \\ \hline 7\,8 \end{array}$$

$7+1=8$

덧셈식을 계산하세요.

01 $\begin{array}{r} 8\,4 \\ +\,1\,4 \\ \hline \end{array}$

02 $\begin{array}{r} 1\,6 \\ +\,3\,1 \\ \hline \end{array}$

03 $\begin{array}{r} 3\,1 \\ +\,4\,2 \\ \hline \end{array}$

04 $\begin{array}{r} 4\,6 \\ +\,2\,2 \\ \hline \end{array}$

05 $\begin{array}{r} 4\,1 \\ +\,2\,5 \\ \hline \end{array}$

06 $\begin{array}{r} 2\,2 \\ +\,4\,5 \\ \hline \end{array}$

07 $\begin{array}{r} 7\,3 \\ +\,1\,6 \\ \hline \end{array}$

08 $\begin{array}{r} 4\,4 \\ +\,5\,5 \\ \hline \end{array}$

09 $\begin{array}{r} 3\,4 \\ +\,5\,2 \\ \hline \end{array}$

10 $\begin{array}{r} 1\,4 \\ +\,1\,5 \\ \hline \end{array}$

11 $\begin{array}{r} 6\,2 \\ +\,1\,4 \\ \hline \end{array}$

12 $\begin{array}{r} 2\,7 \\ +\,4\,2 \\ \hline \end{array}$

식을 가로 방향으로 쓰고 계산하면 가로셈,
세로 방향으로 쓰고 계산하면 세로셈이야.

가로셈을 세로셈으로 고쳐 계산하세요.

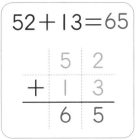

$52+13=65$

	5	2
+	1	3
	6	5

01 $26+31=$

02 $33+41=$

03 $53+41=$

04 $55+23=$

05 $62+13=$

06 $74+14=$

07 $41+22=$

08 $43+16=$

09 $14+14=$

10 $53+33=$

11 $32+13=$

B 세로셈을 한 번 더 연습해요

계산하세요.

01 $\begin{array}{r} 57 \\ +\ 21 \\ \hline \end{array}$

02 $\begin{array}{r} 11 \\ +\ 14 \\ \hline \end{array}$

03 $\begin{array}{r} 34 \\ +\ 62 \\ \hline \end{array}$

04 $\begin{array}{r} 21 \\ +\ 53 \\ \hline \end{array}$

05 $\begin{array}{r} 62 \\ +\ 11 \\ \hline \end{array}$

06 $\begin{array}{r} 34 \\ +\ 35 \\ \hline \end{array}$

07 $\begin{array}{r} 23 \\ +\ 31 \\ \hline \end{array}$

08 $\begin{array}{r} 83 \\ +\ 15 \\ \hline \end{array}$

09 $\begin{array}{r} 37 \\ +\ 42 \\ \hline \end{array}$

10 $\begin{array}{r} 14 \\ +\ 74 \\ \hline \end{array}$

11 $\begin{array}{r} 52 \\ +\ 41 \\ \hline \end{array}$

12 $\begin{array}{r} 12 \\ +\ 85 \\ \hline \end{array}$

13 $\begin{array}{r} 34 \\ +\ 12 \\ \hline \end{array}$

14 $\begin{array}{r} 32 \\ +\ 37 \\ \hline \end{array}$

15 $\begin{array}{r} 25 \\ +\ 33 \\ \hline \end{array}$

16 $\begin{array}{r} 26 \\ +\ 23 \\ \hline \end{array}$

17 $\begin{array}{r} 17 \\ +\ 21 \\ \hline \end{array}$

18 $\begin{array}{r} 15 \\ +\ 31 \\ \hline \end{array}$

19 $\begin{array}{r} 46 \\ +\ 22 \\ \hline \end{array}$

20 $\begin{array}{r} 24 \\ +\ 61 \\ \hline \end{array}$

계산하세요.

01 $\begin{array}{r} 44 \\ +\ 13 \\ \hline \end{array}$

02 $\begin{array}{r} 31 \\ +\ 16 \\ \hline \end{array}$

03 $\begin{array}{r} 52 \\ +\ 16 \\ \hline \end{array}$

04 $\begin{array}{r} 47 \\ +\ 42 \\ \hline \end{array}$

05 $\begin{array}{r} 25 \\ +\ 61 \\ \hline \end{array}$

06 $\begin{array}{r} 21 \\ +\ 42 \\ \hline \end{array}$

07 $\begin{array}{r} 26 \\ +\ 13 \\ \hline \end{array}$

08 $\begin{array}{r} 13 \\ +\ 12 \\ \hline \end{array}$

09 $\begin{array}{r} 44 \\ +\ 15 \\ \hline \end{array}$

10 $\begin{array}{r} 15 \\ +\ 32 \\ \hline \end{array}$

11 $\begin{array}{r} 33 \\ +\ 42 \\ \hline \end{array}$

12 $\begin{array}{r} 12 \\ +\ 22 \\ \hline \end{array}$

13 $\begin{array}{r} 23 \\ +\ 71 \\ \hline \end{array}$

14 $\begin{array}{r} 24 \\ +\ 32 \\ \hline \end{array}$

15 $\begin{array}{r} 24 \\ +\ 23 \\ \hline \end{array}$

16 $\begin{array}{r} 27 \\ +\ 21 \\ \hline \end{array}$

17 $\begin{array}{r} 52 \\ +\ 25 \\ \hline \end{array}$

18 $\begin{array}{r} 31 \\ +\ 61 \\ \hline \end{array}$

11 받아올림 없는 두 자리 수 덧셈 연습

A 받아올림 없는 덧셈을 연습해요

계산하세요.

01 $14+15=$

02 $21+33=$

03 $25+52=$

04 $15+61=$

05 $71+12=$

06 $43+22=$

07 $25+43=$

08 $81+14=$

09 $62+24=$

10 $31+34=$

11 $23+44=$

12 $15+42=$

13 $\begin{array}{r} 41 \\ +\ 53 \\ \hline \end{array}$

14 $\begin{array}{r} 23 \\ +\ 55 \\ \hline \end{array}$

15 $\begin{array}{r} 56 \\ +\ 21 \\ \hline \end{array}$

16 $\begin{array}{r} 52 \\ +\ 43 \\ \hline \end{array}$

17 $\begin{array}{r} 12 \\ +\ 17 \\ \hline \end{array}$

18 $\begin{array}{r} 61 \\ +\ 24 \\ \hline \end{array}$

19 $\begin{array}{r} 46 \\ +\ 43 \\ \hline \end{array}$

20 $\begin{array}{r} 22 \\ +\ 25 \\ \hline \end{array}$

계산하세요.

01	14	+	22	=
02	42	+	33	=
03	11	+	27	=
04	52	+	16	=
05	21	+	45	=
06	54	+	15	=
07	73	+	22	=
08	64	+	24	=
09	41	+	53	=
10	12	+	37	=
11	53	+	24	=
12	33	+	14	=

13
$$\begin{array}{r} 11 \\ +\ 67 \\ \hline \end{array}$$

14
$$\begin{array}{r} 33 \\ +\ 16 \\ \hline \end{array}$$

15
$$\begin{array}{r} 13 \\ +\ 24 \\ \hline \end{array}$$

16
$$\begin{array}{r} 72 \\ +\ 22 \\ \hline \end{array}$$

17
$$\begin{array}{r} 43 \\ +\ 15 \\ \hline \end{array}$$

18
$$\begin{array}{r} 71 \\ +\ 15 \\ \hline \end{array}$$

B 받아올림 없는 덧셈을 다양하게 연습해요

빈칸에 두 수의 합을 써넣으세요.

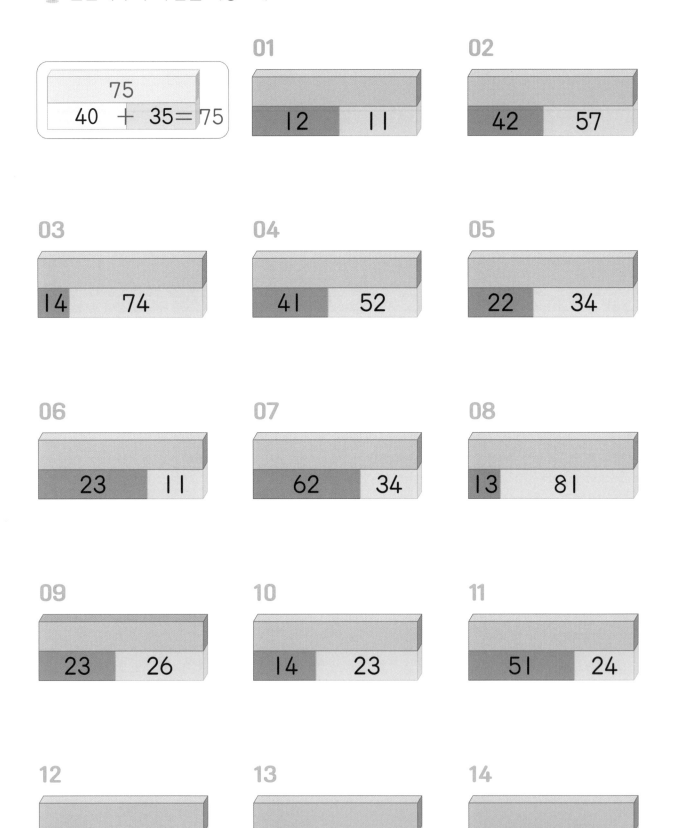

75 / 40 + 35 = 75	01 ( ) / 12, 11	02 ( ) / 42, 57
03 ( ) / 14, 74	04 ( ) / 41, 52	05 ( ) / 22, 34
06 ( ) / 23, 11	07 ( ) / 62, 34	08 ( ) / 13, 81
09 ( ) / 23, 26	10 ( ) / 14, 23	11 ( ) / 51, 24
12 ( ) / 25, 44	13 ( ) / 25, 54	14 ( ) / 36, 11

빈칸에 두 수의 합을 써넣으세요.

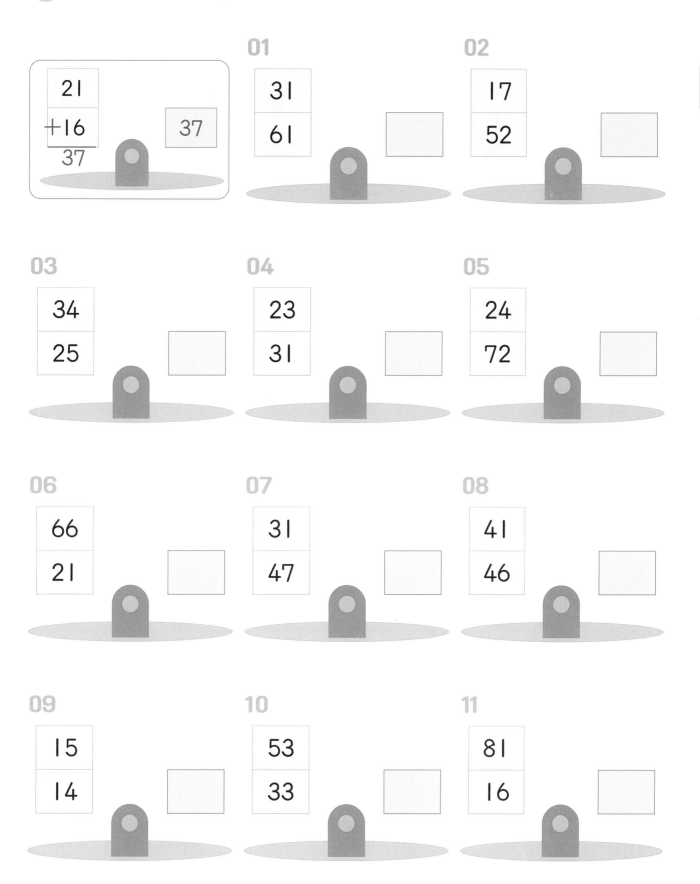

예시: 21, +16, 37 → 37

01
31
61

02
17
52

03
34
25

04
23
31

05
24
72

06
66
21

07
31
47

08
41
46

09
15
14

10
53
33

11
81
16

12 (몇십)-(몇십), (몇십), (몇)이 되는 뺄셈

A 10개씩 묶음의 수의 차를 구해요

10개씩 묶음의 수를 빼서 몇십 두 개의 차를 구할 수 있습니다.

10개씩 묶음의 수의
차는 8－6＝2야.

8 － 6 ＝ 2

80－60＝ ☐

→

80－60은
10개씩 묶음의 수가 2인
20이야!

8 － 6 ＝ 2

80－60＝ 20

○ 안에 10개씩 묶음의 수를 써넣고, 뺄셈식을 계산하세요.

01 ○ － ○ ＝ ○
40－30＝

02 ○ － ○ ＝ ○
90－30＝

03 ○ － ○ ＝ ○
50－20＝

04 ○ － ○ ＝ ○
20－10＝

05 ○ － ○ ＝ ○
60－10＝

06 ○ － ○ ＝ ○
80－30＝

07 ○ － ○ ＝ ○
70－20＝

08 ○ － ○ ＝ ○
90－40＝

09 ○ － ○ ＝ ○
30－10＝

10 ○ － ○ ＝ ○
90－80＝

11 ○ － ○ ＝ ○
70－30＝

12 ○ － ○ ＝ ○
80－40＝

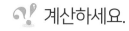

바로 안 풀리면
10개씩 묶음의 수를
먼저 생각해 봐!

계산하세요.

01 $70-30=$

02 $40-10=$

03 $80-30=$

04 $60-40=$

05 $80-40=$

06 $60-30=$

07 $90-40=$

08 $30-20=$

09 $90-80=$

10 $20-10=$

11 $90-50=$

12 $70-20=$

13 $40-20=$

14 $60-50=$

15 $80-60=$

16 $50-20=$

17 $90-20=$

18 $80-50=$

19 $90-30=$

20 $70-10=$

21 $50-10=$

(몇십)-(몇십), (몇십), (몇)이 되는 뺄셈

낱개의 수만큼 빼고, 10개씩 묶음의 수만큼 빼고

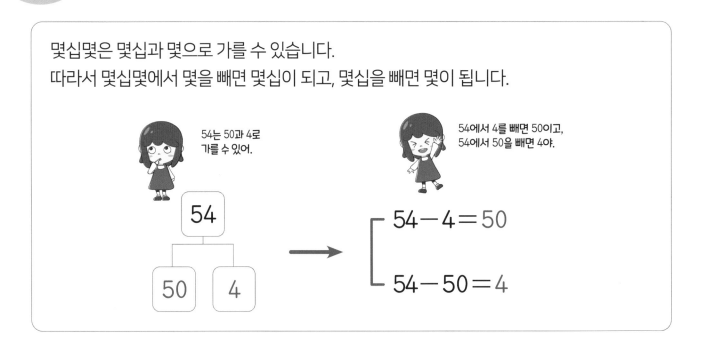

몇십몇은 몇십과 몇으로 가를 수 있습니다.
따라서 몇십몇에서 몇을 빼면 몇십이 되고, 몇십을 빼면 몇이 됩니다.

54는 50과 4로
가를 수 있어.

54에서 4를 빼면 50이고,
54에서 50을 빼면 4야.

54 → 50, 4

→ 54−4=50
54−50=4

몇십몇을 몇십과 몇으로 가르기 하고, 뺄셈식을 계산하세요.

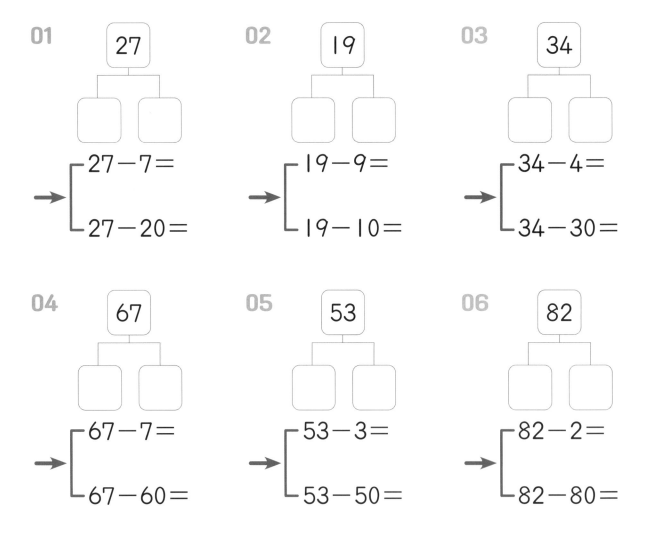

01 27 → □, □

→ 27−7=
27−20=

02 19 → □, □

→ 19−9=
19−10=

03 34 → □, □

→ 34−4=
34−30=

04 67 → □, □

→ 67−7=
67−60=

05 53 → □, □

→ 53−3=
53−50=

06 82 → □, □

→ 82−2=
82−80=

10개씩 묶음의 수와
낱개의 수를 갈라서
생각해 봐!

계산하세요.

01 $48-8=$

02 $52-50=$

03 $89-9=$

04 $43-40=$

05 $16-10=$

06 $55-5=$

07 $62-2=$

08 $27-7=$

09 $64-60=$

10 $29-20=$

11 $31-1=$

12 $75-70=$

13 $35-5=$

14 $78-70=$

15 $69-60=$

16 $82-80=$

17 $37-30=$

18 $46-6=$

19 $95-5=$

20 $73-3=$

21 $94-90=$

13 (몇십몇)-(몇), (몇십몇)-(몇십)

A 낱개의 수가 줄어들어요

몇십몇에서 몇을 뺄 때 10개씩 묶음의 수는 그대로 쓰고 낱개의 수를 뺍니다.

10개씩 묶음의 수는 그대로 5야.
낱개의 수의 차를 구하자.

10개씩 묶음	낱개
5	

57－3＝□

→

57－3은
10개씩 묶음의 수가 5, 낱개의 수가 4인
54야!

10개씩 묶음	낱개
5	4

7－3＝4

57－3＝54

빈칸에 10개씩 묶음의 수와 낱개의 수의 차를 써넣고, 뺄셈식을 계산하세요.

01

10개씩 묶음	낱개

27－4＝

02

10개씩 묶음	낱개

48－6＝

03

10개씩 묶음	낱개

54－3＝

04

10개씩 묶음	낱개

19－3＝

05

10개씩 묶음	낱개

73－1＝

06

10개씩 묶음	낱개

84－3＝

07

10개씩 묶음	낱개

78－4＝

08

10개씩 묶음	낱개

66－4＝

09

10개씩 묶음	낱개

57－2＝

계산하세요.

01 $37-2=$

02 $48-4=$

03 $58-1=$

04 $49-4=$

05 $59-3=$

06 $89-5=$

07 $24-1=$

08 $55-3=$

09 $77-2=$

10 $28-2=$

11 $69-1=$

12 $67-3=$

13 $58-3=$

14 $49-5=$

15 $79-3=$

16 $29-5=$

17 $39-2=$

18 $18-3=$

19 $99-5=$

20 $66-2=$

21 $46-3=$

B 10개씩 묶음의 수가 줄어들어요

몇십몇에서 몇십을 뺄 때 낱개의 수는 그대로 쓰고 10개씩 묶음의 수를 뺍니다.

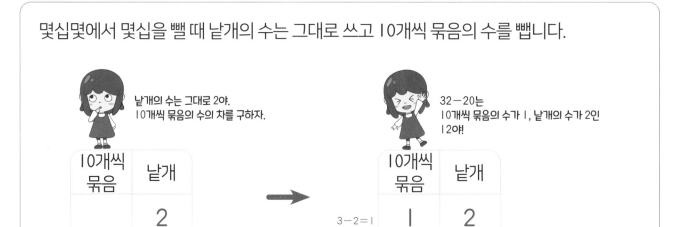

낱개의 수는 그대로 2야.
10개씩 묶음의 수의 차를 구하자.

10개씩 묶음	낱개
	2

32 − 20 = □

→

32 − 20는
10개씩 묶음의 수가 1, 낱개의 수가 2인
12야!

10개씩 묶음	낱개
1	2

3 − 2 = 1

32 − 20 = 12

빈칸에 10개씩 묶음의 수의 차와 낱개의 수를 써넣고, 뺄셈식을 계산하세요.

01

10개씩 묶음	낱개

28 − 10 =

02

10개씩 묶음	낱개

43 − 20 =

03

10개씩 묶음	낱개

74 − 40 =

04

10개씩 묶음	낱개

57 − 30 =

05

10개씩 묶음	낱개

94 − 30 =

06

10개씩 묶음	낱개

76 − 10 =

07

10개씩 묶음	낱개

65 − 20 =

08

10개씩 묶음	낱개

81 − 40 =

09

10개씩 묶음	낱개

63 − 40 =

공부한 날 : 월 일

계산하세요.

01 $56-40=$

02 $61-10=$

03 $73-40=$

04 $88-40=$

05 $62-50=$

06 $94-50=$

07 $55-20=$

08 $83-20=$

09 $64-40=$

10 $58-30=$

11 $74-50=$

12 $25-10=$

13 $92-10=$

14 $91-60=$

15 $77-60=$

16 $48-30=$

17 $47-10=$

18 $85-50=$

19 $63-20=$

20 $59-30=$

21 $79-20=$

A 10개씩 묶음의 수끼리, 낱개의 수끼리 빼요

10개씩 묶음의 수끼리, 낱개의 수끼리 빼서 몇십몇 두 개의 차를 구합니다.

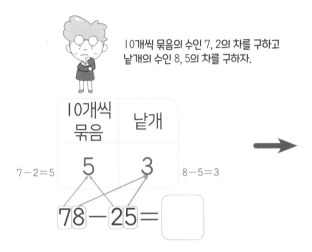

10개씩 묶음의 수인 7, 2의 차를 구하고
낱개의 수인 8, 5의 차를 구하자.

10개씩 묶음	낱개
5	3

7－2＝5　　8－5＝3

78－25＝□

→

78－25는
10개씩 묶음의 수가 5, 낱개의 수가 3인
53이야!

10개씩 묶음	낱개
5	3

78－25＝53

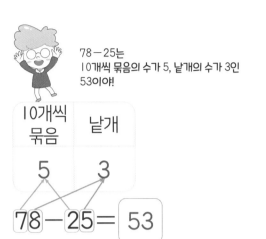

빈칸에 10개씩 묶음의 수의 차와 낱개의 수의 차를 써넣고, 뺄셈식을 계산하세요.

01

10개씩 묶음	낱개

56－24＝

02

10개씩 묶음	낱개

85－51＝

03

10개씩 묶음	낱개

67－54＝

04

10개씩 묶음	낱개

47－31＝

05

10개씩 묶음	낱개

93－22＝

06

10개씩 묶음	낱개

65－14＝

07

10개씩 묶음	낱개

68－25＝

08

10개씩 묶음	낱개

39－12＝

09

10개씩 묶음	낱개

77－42＝

공부한 날 : 월 일

10개씩 묶음의 수는 10개씩 묶음의 수끼리, 낱개의 수는 낱개의 수끼리 빼야 해!

빈칸에 10개씩 묶음의 수의 차와 낱개의 수의 차를 써넣고, 뺄셈식을 계산하세요.

01

10개씩 묶음	낱개

95－24＝

02

10개씩 묶음	낱개

39－17＝

03

10개씩 묶음	낱개

55－34＝

04

10개씩 묶음	낱개

28－15＝

05

10개씩 묶음	낱개

77－62＝

06

10개씩 묶음	낱개

59－42＝

07

10개씩 묶음	낱개

94－52＝

08

10개씩 묶음	낱개

89－26＝

09

10개씩 묶음	낱개

47－33＝

10

10개씩 묶음	낱개

57－31＝

11

10개씩 묶음	낱개

98－76＝

12

10개씩 묶음	낱개

63－11＝

13

10개씩 묶음	낱개

59－23＝

14

10개씩 묶음	낱개

68－54＝

15

10개씩 묶음	낱개

76－31＝

14 B 받아내림 없는 두 자리 수 뺄셈

가로셈을 한 번 더 연습해요

계산하세요.

10개씩 묶음의 수는 10개씩 묶음의 수끼리,
낱개의 수는 낱개의 수끼리 계산하자!
헷갈리면 안 돼!

01 43 − 12 = ☐

02 53 − 42 = ☐

03 78 − 52 = ☐

04 49 − 28 = ☐

05 65 − 51 = ☐

06 97 − 45 = ☐

07 95 − 54 = ☐

08 84 − 33 = ☐

09 72 − 51 = ☐

10 57 − 25 = ☐

11 37 − 15 = ☐

12 66 − 35 = ☐

13 49 − 23 = ☐

14 38 − 26 = ☐

15 93 − 12 = ☐

16 67 − 24 = ☐

17 98 − 44 = ☐

18 29 − 14 = ☐

19 83 − 41 = ☐

20 78 − 56 = ☐

21 94 − 51 = ☐

계산하세요.

01 52－11＝

02 82－61＝

03 97－52＝

04 84－23＝

05 78－42＝

06 93－31＝

07 99－37＝

08 28－13＝

09 58－27＝

10 56－43＝

11 77－23＝

12 53－32＝

13 58－35＝

14 93－82＝

15 88－46＝

16 73－52＝

17 96－74＝

18 38－14＝

19 85－32＝

20 79－24＝

21 59－34＝

15 세로셈으로 빼기

Ⓐ 자리를 맞추어 적은 다음 세로로 빼요

세로셈을 할 때는 먼저 10개씩 묶음의 수끼리, 낱개의 수끼리 같은 줄로 맞춥니다. 그다음 같은 줄의 수끼리 빼서 두 수의 차를 구합니다.

5, 2를 같은 줄에 쓰고,
7, 1을 같은 줄에 써.

$57-21=$

$$\begin{array}{rcc} & 5 & 7 \\ - & 2 & 1 \\ \hline & & \end{array}$$

→

5와 2의 차는
5, 2 아래에 써!

$57-21=$

$$\begin{array}{rcc} & 5 & 7 \\ - & 2 & 1 \\ \hline & 3 & \end{array}$$

5−2=3

→

7과 1의 차를
7, 1 아래에 쓰면
세로셈 완성!

$57-21=36$

$$\begin{array}{rcc} & 5 & 7 \\ - & 2 & 1 \\ \hline & 3 & 6 \end{array}$$

7−1=6

빨셈식을 계산하세요.

01 $$\begin{array}{rcc} & 7 & 5 \\ - & 6 & 2 \\ \hline & & \end{array}$$

02 $$\begin{array}{rcc} & 4 & 6 \\ - & 3 & 4 \\ \hline & & \end{array}$$

03 $$\begin{array}{rcc} & 9 & 5 \\ - & 4 & 1 \\ \hline & & \end{array}$$

04 $$\begin{array}{rcc} & 7 & 8 \\ - & 5 & 7 \\ \hline & & \end{array}$$

05 $$\begin{array}{rcc} & 9 & 6 \\ - & 3 & 1 \\ \hline & & \end{array}$$

06 $$\begin{array}{rcc} & 4 & 8 \\ - & 1 & 6 \\ \hline & & \end{array}$$

07 $$\begin{array}{rcc} & 6 & 3 \\ - & 2 & 2 \\ \hline & & \end{array}$$

08 $$\begin{array}{rcc} & 7 & 9 \\ - & 4 & 6 \\ \hline & & \end{array}$$

09 $$\begin{array}{rcc} & 8 & 9 \\ - & 2 & 5 \\ \hline & & \end{array}$$

10 $$\begin{array}{rcc} & 4 & 6 \\ - & 2 & 3 \\ \hline & & \end{array}$$

11 $$\begin{array}{rcc} & 5 & 8 \\ - & 4 & 5 \\ \hline & & \end{array}$$

12 $$\begin{array}{rcc} & 2 & 7 \\ - & 1 & 3 \\ \hline & & \end{array}$$

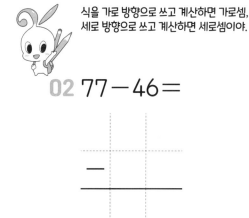

식을 가로 방향으로 쓰고 계산하면 가로셈,
세로 방향으로 쓰고 계산하면 세로셈이야.

가로셈을 세로셈으로 고쳐 계산하세요.

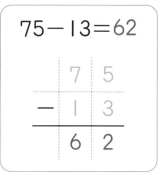

75－13＝62

	7	5
－	1	3
	6	2

01 83－41＝

02 77－46＝

03 67－42＝

04 49－35＝

05 89－43＝

06 43－22＝

07 55－22＝

08 37－12＝

09 39－15＝

10 57－26＝

11 68－23＝

세로셈으로 빼기

15 B 세로셈을 한 번 더 연습해요

계산하세요.

01 $$\begin{array}{r} 6\ 9 \\ -\ 3\ 8 \\ \hline \end{array}$$

02 $$\begin{array}{r} 4\ 7 \\ -\ 3\ 6 \\ \hline \end{array}$$

03 $$\begin{array}{r} 8\ 7 \\ -\ 6\ 1 \\ \hline \end{array}$$

04 $$\begin{array}{r} 7\ 5 \\ -\ 5\ 4 \\ \hline \end{array}$$

05 $$\begin{array}{r} 6\ 6 \\ -\ 4\ 2 \\ \hline \end{array}$$

06 $$\begin{array}{r} 8\ 6 \\ -\ 7\ 4 \\ \hline \end{array}$$

07 $$\begin{array}{r} 5\ 9 \\ -\ 2\ 8 \\ \hline \end{array}$$

08 $$\begin{array}{r} 6\ 5 \\ -\ 2\ 1 \\ \hline \end{array}$$

09 $$\begin{array}{r} 8\ 4 \\ -\ 5\ 2 \\ \hline \end{array}$$

10 $$\begin{array}{r} 9\ 3 \\ -\ 5\ 2 \\ \hline \end{array}$$

11 $$\begin{array}{r} 6\ 9 \\ -\ 5\ 5 \\ \hline \end{array}$$

12 $$\begin{array}{r} 8\ 7 \\ -\ 5\ 5 \\ \hline \end{array}$$

13 $$\begin{array}{r} 8\ 3 \\ -\ 1\ 2 \\ \hline \end{array}$$

14 $$\begin{array}{r} 9\ 6 \\ -\ 4\ 3 \\ \hline \end{array}$$

15 $$\begin{array}{r} 7\ 8 \\ -\ 4\ 3 \\ \hline \end{array}$$

16 $$\begin{array}{r} 5\ 9 \\ -\ 3\ 4 \\ \hline \end{array}$$

17 $$\begin{array}{r} 7\ 9 \\ -\ 3\ 5 \\ \hline \end{array}$$

18 $$\begin{array}{r} 9\ 6 \\ -\ 1\ 2 \\ \hline \end{array}$$

19 $$\begin{array}{r} 7\ 4 \\ -\ 1\ 1 \\ \hline \end{array}$$

20 $$\begin{array}{r} 7\ 9 \\ -\ 3\ 2 \\ \hline \end{array}$$

계산하세요.

01
$$\begin{array}{r} 47 \\ -\ 31 \\ \hline \end{array}$$

02
$$\begin{array}{r} 54 \\ -\ 12 \\ \hline \end{array}$$

03
$$\begin{array}{r} 86 \\ -\ 15 \\ \hline \end{array}$$

04
$$\begin{array}{r} 95 \\ -\ 73 \\ \hline \end{array}$$

05
$$\begin{array}{r} 75 \\ -\ 52 \\ \hline \end{array}$$

06
$$\begin{array}{r} 89 \\ -\ 61 \\ \hline \end{array}$$

07
$$\begin{array}{r} 38 \\ -\ 13 \\ \hline \end{array}$$

08
$$\begin{array}{r} 93 \\ -\ 62 \\ \hline \end{array}$$

09
$$\begin{array}{r} 72 \\ -\ 51 \\ \hline \end{array}$$

10
$$\begin{array}{r} 93 \\ -\ 51 \\ \hline \end{array}$$

11
$$\begin{array}{r} 48 \\ -\ 24 \\ \hline \end{array}$$

12
$$\begin{array}{r} 58 \\ -\ 32 \\ \hline \end{array}$$

13
$$\begin{array}{r} 89 \\ -\ 21 \\ \hline \end{array}$$

14
$$\begin{array}{r} 89 \\ -\ 33 \\ \hline \end{array}$$

15
$$\begin{array}{r} 68 \\ -\ 17 \\ \hline \end{array}$$

16
$$\begin{array}{r} 76 \\ -\ 25 \\ \hline \end{array}$$

17
$$\begin{array}{r} 73 \\ -\ 42 \\ \hline \end{array}$$

18
$$\begin{array}{r} 49 \\ -\ 12 \\ \hline \end{array}$$

16 받아내림 없는 두 자리 수 뺄셈 연습

A 받아내림 없는 뺄셈을 연습해요

계산하세요.

01 48－23＝

02 79－24＝

03 88－75＝

04 58－44＝

05 65－13＝

06 68－24＝

07 49－27＝

08 75－32＝

09 48－15＝

10 66－13＝

11 98－46＝

12 57－34＝

계산하세요.

13 $\begin{array}{r} 68 \\ -\ 51 \\ \hline \end{array}$

14 $\begin{array}{r} 75 \\ -\ 41 \\ \hline \end{array}$

15 $\begin{array}{r} 92 \\ -\ 81 \\ \hline \end{array}$

16 $\begin{array}{r} 28 \\ -\ 12 \\ \hline \end{array}$

17 $\begin{array}{r} 59 \\ -\ 23 \\ \hline \end{array}$

18 $\begin{array}{r} 95 \\ -\ 64 \\ \hline \end{array}$

19 $\begin{array}{r} 86 \\ -\ 54 \\ \hline \end{array}$

20 $\begin{array}{r} 47 \\ -\ 23 \\ \hline \end{array}$

계산하세요.

01 48 − 25 =

02 63 − 21 =

03 59 − 17 =

04 67 − 32 =

05 58 − 45 =

06 73 − 41 =

07 96 − 73 =

08 58 − 14 =

09 97 − 63 =

10 57 − 46 =

11 99 − 68 =

12 69 − 38 =

13 $\begin{array}{r} 74 \\ -\ 13 \\ \hline \end{array}$

14 $\begin{array}{r} 86 \\ -\ 61 \\ \hline \end{array}$

15 $\begin{array}{r} 69 \\ -\ 25 \\ \hline \end{array}$

16 $\begin{array}{r} 59 \\ -\ 37 \\ \hline \end{array}$

17 $\begin{array}{r} 58 \\ -\ 44 \\ \hline \end{array}$

18 $\begin{array}{r} 67 \\ -\ 25 \\ \hline \end{array}$

받아내림 없는 두 자리 수 뺄셈 연습

16 B 받아내림 없는 뺄셈을 다양하게 연습해요

빈 곳에 두 수의 차를 써넣으세요.

46 − 15 = 31

01 94 62

02 33 22

03 74 53

04 63 12

05 68 35

06 75 22

07 48 31

08 58 34

09 69 47

10 45 23

11 84 61

12 96 53

13 87 56

14 85 12

빈 곳에 두 수의 차를 써넣으세요.

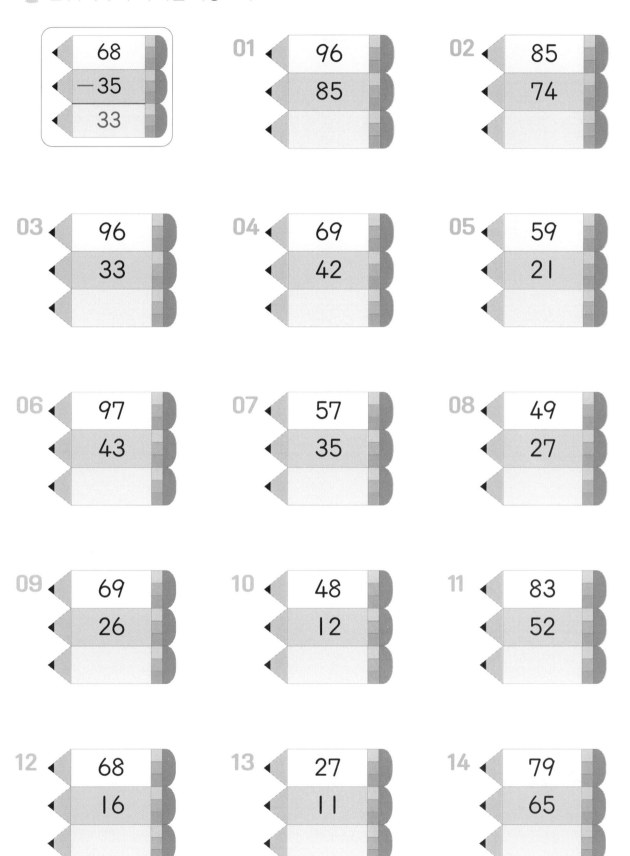

번호	수 1	수 2	차
예	68	−35	33
01	96	85	
02	85	74	
03	96	33	
04	69	42	
05	59	21	
06	97	43	
07	57	35	
08	49	27	
09	69	26	
10	48	12	
11	83	52	
12	68	16	
13	27	11	
14	79	65	

17 두 자리 수 덧셈, 뺄셈 연습

A 덧셈, 뺄셈을 한꺼번에 연습해요

계산하세요.

01 $24+35=$

02 $83-32=$

03 $34+41=$

04 $95-23=$

05 $52+16=$

06 $58-37=$

07 $56-14=$

08 $24+33=$

09 $49-26=$

10 $47+32=$

11 $77-45=$

12 $63+14=$

13 $\begin{array}{r} 4\ 5 \\ +\ 2\ 1 \\ \hline \end{array}$

14 $\begin{array}{r} 9\ 6 \\ -\ 6\ 4 \\ \hline \end{array}$

15 $\begin{array}{r} 4\ 7 \\ -\ 2\ 1 \\ \hline \end{array}$

16 $\begin{array}{r} 6\ 2 \\ +\ 2\ 1 \\ \hline \end{array}$

17 $\begin{array}{r} 5\ 3 \\ -\ 2\ 2 \\ \hline \end{array}$

18 $\begin{array}{r} 3\ 3 \\ +\ 4\ 6 \\ \hline \end{array}$

19 $\begin{array}{r} 4\ 2 \\ +\ 4\ 5 \\ \hline \end{array}$

20 $\begin{array}{r} 6\ 8 \\ -\ 4\ 5 \\ \hline \end{array}$

왼쪽에는 두 수의 합을, 오른쪽에는 두 수의 차를 써넣으세요.

56	35	21	14

01

	46	31	

02

	45	23	

03

	66	13	

04

	68	21	

05

	54	22	

06

	57	32	

07

	75	23	

08

	43	12	

09

	65	34	

10

	55	43	

11

	37	12	

교과에선 이런 문제를 다루어요

01 그림을 보고 □ 안에 알맞은 수를 써넣으세요.

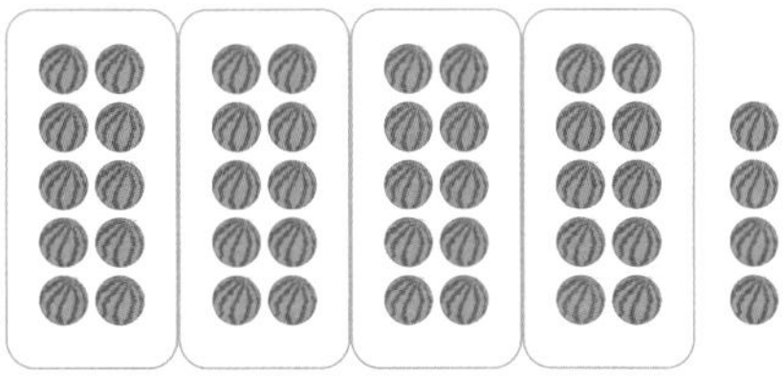

40＋□＝□

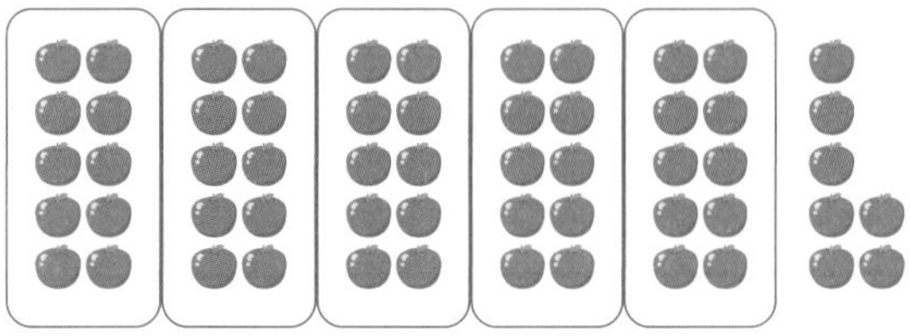

□＋7＝□

02 빵이 모두 몇 개인지 덧셈식으로 나타내세요.

□＋□＝□

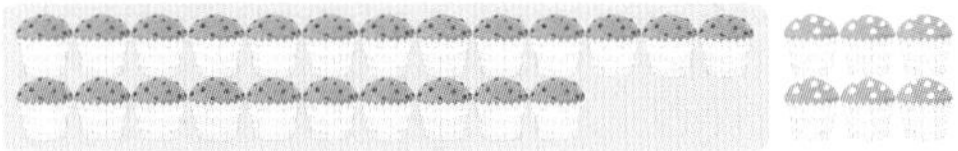

□＋□＝□

03 대화를 보고 운동장에 있는 사람은 모두 몇 명인지 구하세요.

운동장에 학생들이 45명 있어!

운동장에 선생님은 4명 있어.

□명

04 과수원에 사과 25개, 배 32개가 있습니다. 과수원에 있는 과일이 모두 몇 개인지 알아보려고 합니다. □ 안에 알맞은 수를 써넣으세요.

□＋□＝□

20과 □을 / 를 더하고,

5와 □을 / 를 더했어!

05 계산하세요.

$\begin{array}{r} 5 \\ +\ 30 \\ \hline \square \end{array}$	$\begin{array}{r} 34 \\ +\ 12 \\ \hline \square \end{array}$	$\begin{array}{r} 90 \\ -\ 40 \\ \hline \square \end{array}$	$\begin{array}{r} 59 \\ -\ 23 \\ \hline \square \end{array}$

06 우리 반 학생은 모두 28명입니다. 칠판을 보고 독서 모임에 참석한 사람은 모두 몇 명인지 구하세요.

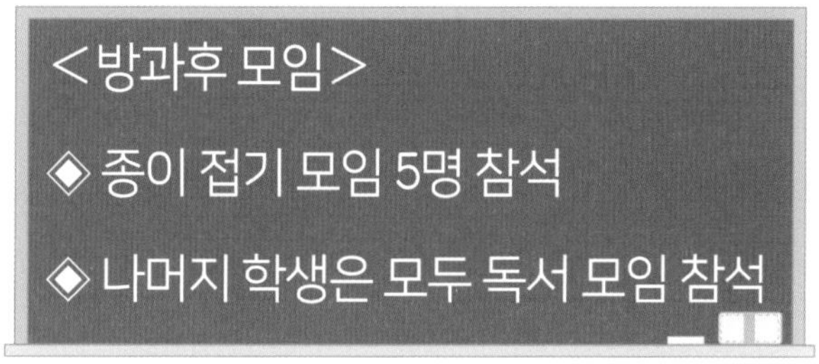

<방과후 모임>
◈ 종이 접기 모임 5명 참석
◈ 나머지 학생은 모두 독서 모임 참석

□명

07 빨간색 연필이 54자루, 파란색 연필이 21자루 있습니다. 어떤 색깔 색연필이 몇 자루 더 많은지 알아보려고 합니다. □ 안에 알맞은 수를 써넣으세요.

□ − □ = □

50에서 □을 / 를 빼고,

4에서 □을 / 를 뺐어!

08 바구니에 과자가 25개 있었습니다. 몇 명이 과자를 가져가고 다시 세어 보니 과자가 12개 남아 있습니다. 가져간 과자는 모두 몇 개인가요?

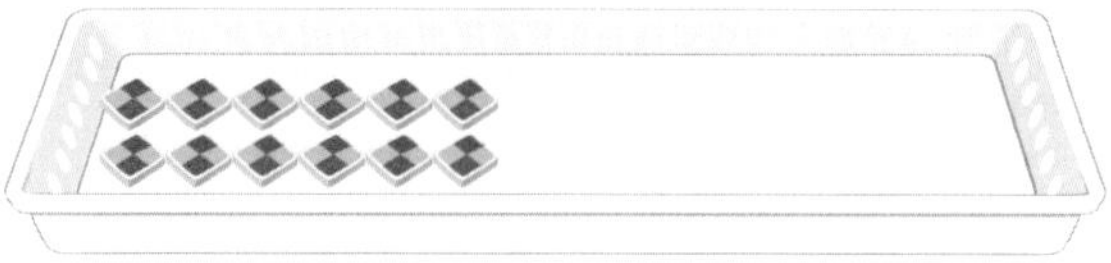

□개

Part 2 Quiz Quiz 연속한 수를 멀리!

◯ 안에 1에서 6까지의 수를 써넣는데 연속한 수는 선으로 연결된 ◯ 안에 들어가지 않도록 해 보세요.

1　2　3　4　5　6

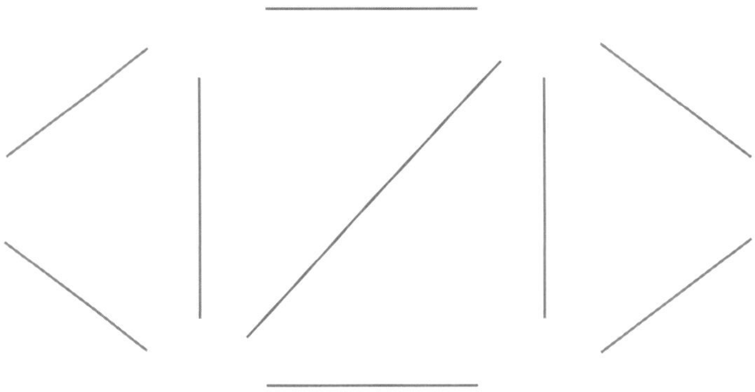

3 PART (몇)+(몇)=(십몇)

차시별로 정답률을 확인하고, 성취도에 O표 하세요.

80% 이상 맞혔어요. 60%~80% 맞혔어요. 60% 이하 맞혔어요.

차시	단원	성취도
18	10이 되는 더하기	
19	10 만들어 더하기	
20	10 만들어 더하기 연습	
21	수를 갈라서 더하기	
22	(몇)+(몇)=(십몇) 연습 1	
23	(몇)+(몇)=(십몇) 연습 2	

합이 십몇인 덧셈을 할 때는 먼저 10을 만들면 편합니다.

A 모으기로 10이 되는 더하기를 해요

두 수를 모아서 10이 되면 두 수의 합은 10입니다.

10 → 4, 6

4 + 6 = 10

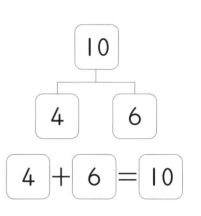

□ 안에 알맞은 수를 써넣으세요.

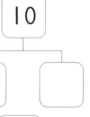

01 10 → 5, □
5+□=10

02 10 → □, 2
□+2=10

03 10 → 3, □
3+□=10

04 10 → 1, □
1+□=10

05 10 → 8, □
8+□=10

06 10 → □, 6
□+6=10

07 10 → □, 4
□+4=10

08 10 → 9, □
9+□=10

09 10 → □, 7
□+7=10

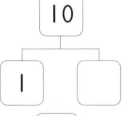

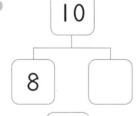

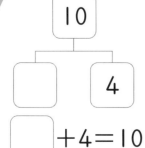

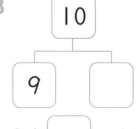

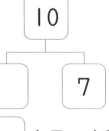

□ 안에 알맞은 수를 써넣으세요.

01 $5+\square=10$

02 $\square+1=10$

03 $3+\square=10$

04 $\square+9=10$

05 $7+\square=10$

06 $\square+8=10$

07 $\square+5=10$

08 $3+7=\square$

09 $6+\square=10$

10 $4+\square=10$

11 $2+\square=10$

12 $6+4=\square$

13 $\square+2=10$

14 $8+\square=10$

15 $\square+6=10$

16 $\square+7=10$

17 $\square+3=10$

18 $1+\square=10$

19 $9+\square=10$

20 $\square+4=10$

21 $1+9=\square$

18 B 10이 되는 더하기를 해요

빈칸에 알맞은 수를 써넣으세요.

01 6 + ☐ = 10

02 ☐ + 1 = 10

03 8 + ☐ = 10

04 ☐ + 7 = 10

05 2 + ☐ = 10

06 ☐ + 5 = 10

07 9 + ☐ = 10

08 ☐ + 2 = 10

09 3 + ☐ = 10

10 ☐ + 7 = 10

11 5 + ☐ = 10

12 ☐ + 6 = 10

13 5 + ☐ = 10

14 7 + ☐ = 10

15 ☐ + 4 = 10

16 4 + ☐ = 10

17 ☐ + 3 = 10

18 ☐ + 9 = 10

19 8 + ☐ = 10

20 ☐ + 8 = 10

21 1 + ☐ = 10

두 수의 합이 10인 것에 모두 ○표 하세요.

01

4 | 6	1 | 7	5 | 5
1 | 8	2 | 8	7 | 2

02

7 | 2	8 | 1	6 | 4
1 | 9	7 | 3	3 | 6

03

5 | 5	3 | 6	2 | 8
4 | 5	6 | 4	8 | 1

04

7 | 1	6 | 3	8 | 2
9 | 1	2 | 7	3 | 7

19 A 10과 몇의 덧셈으로 바꾸어 더해요

합이 10인 두 수를 먼저 더한 다음 남은 수를 더하면 10과 몇을 더하는 덧셈으로 풀 수 있습니다.

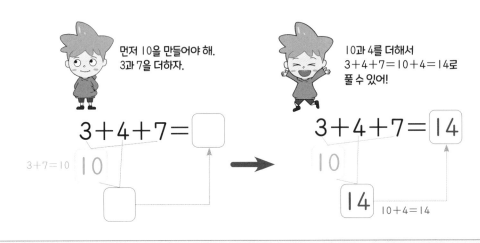

먼저 10을 만들어야 해.
3과 7을 더하자.

$3+4+7=\square$

$3+7=10$ → 10

10과 4를 더해서
3+4+7=10+4=14로
풀 수 있어!

$3+4+7=14$

10, 14 ($10+4=14$)

합이 10인 두 수를 먼저 더하고 □ 안에 알맞은 수를 써넣어 덧셈식을 계산하세요.

01 $5+8+2=\square$

02 $9+4+1=\square$

03 $3+7+5=\square$

04 $7+5+5=\square$

05 $8+1+2=\square$

06 $6+4+7=\square$

07 $3+4+6=\square$

08 $6+2+4=\square$

09 $5+5+9=\square$

합이 10인 두 수에 ○표 하고, □ 안에 알맞은 수를 써넣어 덧셈식을 계산하세요.

10이 되는 덧셈식을
기억하지 못하면
조금 어려울 수 있어.

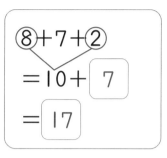

(예시)
(8)+7+(2)
=10+ 7
= 17

01 9+5+5
=□+10
=□

02 2+8+7
=10+□
=□

03 4+7+6
=10+□
=□

04 2+4+6
=□+10
=□

05 3+7+6
=10+□
=□

06 5+3+5
=10+□
=□

07 9+1+6
=10+□
=□

08 1+7+3
=□+10
=□

09 7+8+2
=□+10
=□

10 4+6+2
=10+□
=□

11 7+8+3
=10+□
=□

12 1+6+9
=10+□
=□

13 7+3+4
=10+□
=□

14 3+1+9
=□+10
=□

19 10 만들어 더하기

B 합이 10인 두 수를 먼저 찾아야 해요

계산하세요.

보기처럼 10과 몇의 덧셈으로 바꾸어 풀어 봐.

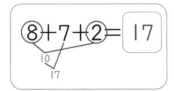

(보기) ⑧+7+②= 17 (8+2=10, 10+7=17)

01 4+6+3=

02 1+8+2=

03 6+4+7=

04 5+9+5=

05 4+8+6=

06 2+8+2=

07 3+4+7=

08 7+3+5=

09 8+7+3=

10 3+1+9=

11 2+7+8=

12 6+3+7=

13 8+2+9=

14 7+1+3=

15 1+9+2=

16 4+9+1=

17 6+2+8=

18 6+4+4=

19 5+5+2=

20 2+8+4=

계산하세요.

01 $1+9+2=$

02 $8+2+2=$

03 $9+3+1=$

04 $7+4+6=$

05 $2+8+3=$

06 $9+6+4=$

07 $5+5+8=$

08 $8+6+4=$

09 $3+4+7=$

10 $7+5+3=$

11 $5+8+2=$

12 $3+7+9=$

13 $5+6+5=$

14 $4+8+2=$

15 $9+1+4=$

16 $1+4+6=$

17 $4+6+5=$

18 $1+7+9=$

19 $3+7+6=$

20 $7+3+7=$

21 $3+2+8=$

20 A 10 만들어 더하기를 연습해요

계산하세요.

01 $3+2+8=$	02 $9+1+2=$	03 $8+9+2=$
04 $1+6+9=$	05 $4+3+7=$	06 $4+1+6=$
07 $9+5+1=$	08 $3+7+4=$	09 $5+8+2=$
10 $3+7+6=$	11 $8+4+6=$	12 $7+2+3=$
13 $9+6+4=$	14 $5+5+7=$	15 $6+8+2=$
16 $1+9+8=$	17 $5+2+8=$	18 $6+3+4=$
19 $7+3+9=$	20 $2+7+8=$	21 $5+8+5=$

계산하세요.

01 7+3+1=

02 6+3+4=

03 5+5+1=

04 2+5+5=

05 6+4+2=

06 3+9+7=

07 4+6+3=

08 3+6+4=

09 2+8+8=

10 4+4+6=

11 1+8+9=

12 2+8+7=

13 5+3+7=

14 1+9+4=

15 9+2+8=

16 8+2+7=

17 7+5+3=

18 8+7+2=

19 9+1+4=

20 6+1+9=

21 3+7+6=

20 B 10 만들어 더하기를 다양하게 연습해요

합이 10인 두 수를 묶고, □ 안에 세 수의 합을 써넣으세요.

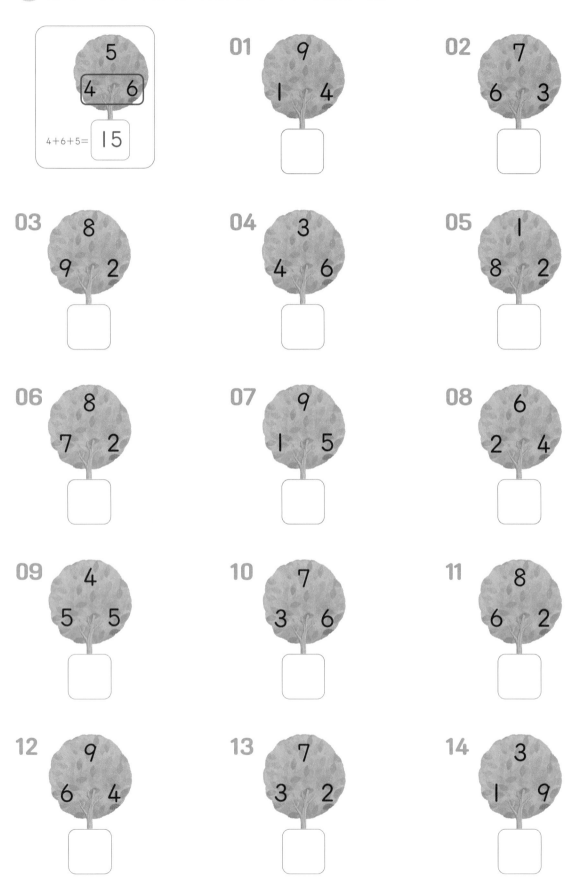

(예시) 5 / [4 6] — 4+6+5= 15

01 9 / 1 4 / □

02 7 / 6 3 / □

03 8 / 9 2 / □

04 3 / 4 6 / □

05 1 / 8 2 / □

06 8 / 7 2 / □

07 9 / 1 5 / □

08 6 / 2 4 / □

09 4 / 5 5 / □

10 7 / 3 6 / □

11 8 / 6 2 / □

12 9 / 6 4 / □

13 7 / 3 2 / □

14 3 / 1 9 / □

□ 안에 같은 줄에 있는 세 수의 합을 써넣으세요.

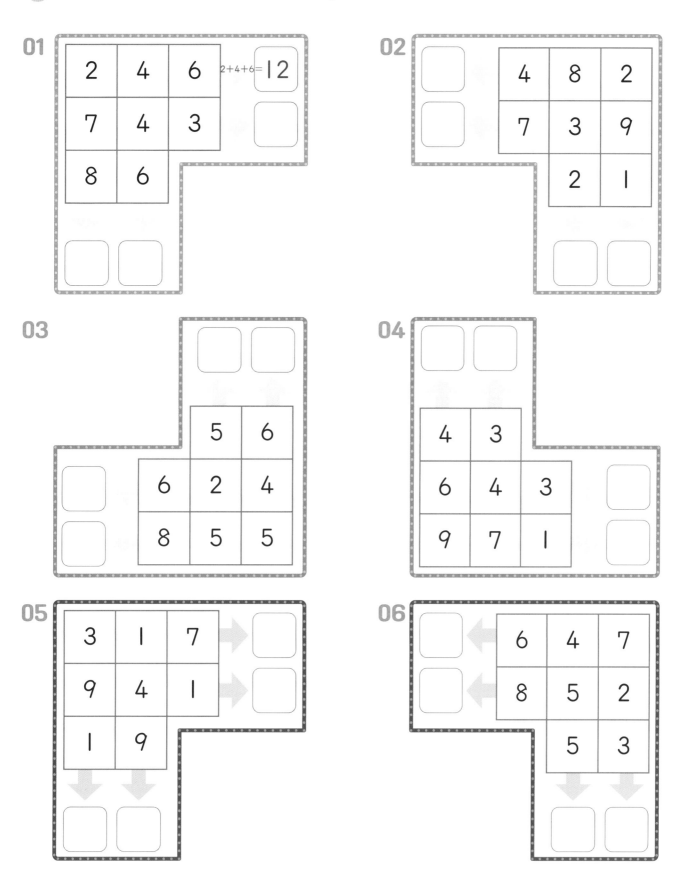

01

2	4	6	2+4+6= 12
7	4	3	□
8	6		
□	□		

02

□	4	8	2
□	7	3	9
		2	1
		□	□

03

		□	□
		5	6
□	6	2	4
□	8	5	5

04

□	□		
4	3		
6	4	3	□
9	7	1	□

05

3	1	7	□
9	4	1	□
1	9		
□	□		

06

□	6	4	7
□	8	5	2
		5	3
		□	□

21 Ⓐ 합이 10인 두 수가 있는 덧셈으로 바꾸어요

더 작은 수를 갈라 합이 10인 두 수가 있는 덧셈으로 고치면 10과 몇을 더하는 덧셈으로 풀 수 있습니다.

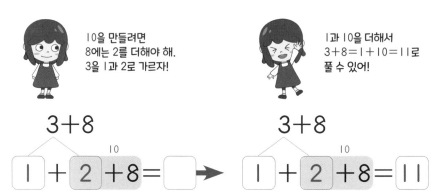

10을 만들려면
8에는 2를 더해야 해.
3을 1과 2로 가르자!

3+8

1 + 2 +8 = □ (2+8 = 10)

1과 10을 더해서
3+8=1+10=11로
풀 수 있어!

3+8

1 + 2 +8 = 11 (2+8 = 10)

수를 갈라 합이 10인 두 수를 만들고 □ 안에 알맞은 수를 써넣어 덧셈식을 계산하세요.

9에는
몇을 더해야
10이 될까?

01 5+9

□ + □ +9 = □ (□+9 = 10)

02 8+6

8+ □ + □ = □ (8+□ = 10)

03 6+7

□ + □ +7 = □ (□+7 = 10)

04 9+5

9+ □ + □ = □ (9+□ = 10)

05 7+4

7+ □ + □ = □ (7+□ = 10)

06 4+8

□ + □ +8 = □ (□+8 = 10)

07 9+3

9+ □ + □ = □ (9+□ = 10)

08 2+9

□ + □ +9 = □ (□+9 = 10)

수를 어떻게 갈라야 합이 10인 두 수를 만들 수 있을까?

□ 안에 알맞은 수를 써넣어 덧셈식을 계산하세요.

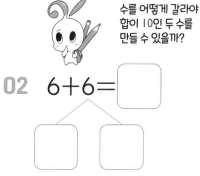

(예) 4+9= 13, 4 → 3, 1 (1과 9로 10)

01 3+8= □ → □ □

02 6+6= □ → □ □

03 4+7= □ → □ □

04 8+5= □ → □ □

05 3+9= □ → □ □

06 9+7= □ → □ □

07 4+8= □ → □ □

08 9+6= □ → □ □

09 7+4= □ → □ □

10 5+9= □ → □ □

11 8+7= □ → □ □

12 8+3= □ → □ □

13 6+8= □ → □ □

14 5+7= □ → □ □

21 B

수를 갈라서 더하기

더 작은 수를 가르는 게 더 편해요

계산하세요.

$4+9=13$ (3, 1, 10)

01 $5+6=$

02 $8+5=$

03 $6+6=$

04 $9+4=$

05 $8+7=$

06 $9+5=$

07 $7+4=$

08 $9+6=$

09 $9+9=$

10 $7+5=$

11 $5+8=$

12 $4+8=$

13 $7+6=$

14 $8+3=$

15 $9+2=$

16 $8+8=$

17 $9+7=$

18 $6+7=$

19 $9+3=$

20 $2+9=$

공부한 날 : 월 일

계산하세요.

같은 수 두 개를 더하면
앞의 수를 갈라도 되고,
뒤의 수를 갈라도 되고~

01 $9+4=$

02 $7+4=$

03 $6+6=$

04 $8+6=$

05 $8+4=$

06 $9+6=$

07 $5+9=$

08 $8+8=$

09 $7+8=$

10 $4+9=$

11 $9+3=$

12 $5+7=$

13 $7+6=$

14 $9+2=$

15 $7+5=$

16 $9+5=$

17 $6+5=$

18 $8+5=$

19 $8+3=$

20 $5+8=$

21 $3+8=$

22 A (몇)+(몇)=(십몇)을 연습해요

(몇)+(몇)=(십몇) 연습 1

계산하세요.

01 $9+6=$

02 $6+6=$

03 $5+6=$

04 $4+9=$

05 $6+8=$

06 $8+3=$

07 $7+4=$

08 $2+9=$

09 $4+8=$

10 $6+7=$

11 $7+6=$

12 $8+5=$

13 $8+9=$

14 $6+5=$

15 $3+9=$

16 $4+7=$

17 $9+7=$

18 $5+9=$

19 $7+8=$

20 $5+8=$

21 $9+3=$

□ 안에 두 수의 합을 써넣으세요.

01 2 9 □	02 5 6 □	03 4 7 □
04 3 8 □	05 8 4 □	06 8 9 □
07 6 7 □	08 4 9 □	09 6 8 □
10 8 3 □	11 4 8 □	12 5 9 □
13 7 7 □	14 7 6 □	15 7 5 □
16 6 9 □	17 9 5 □	18 8 6 □
19 8 7 □	20 5 8 □	21 7 9 □

22 B (몇)+(몇)=(십몇) 연습 1
1 큰 수를 더하면 합도 1 커져요

계산하세요.

01 $2+9=$

02 $3+8=$

$3+9=$

03 $4+7=$

$4+8=$

$4+9=$

04 $9+3=$

$9+4=$

$9+5=$

$9+6=$

$9+7=$

$9+8=$

$9+9=$

05 $8+4=$

$8+5=$

$8+6=$

$8+7=$

$8+8=$

$8+9=$

06 $7+5=$

$7+6=$

$7+7=$

$7+8=$

$7+9=$

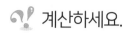

더해지는 수가
1 커지면
합도 1 커져!

계산하세요.

01

8 + 3 =

9 + 3 =

02

7 + 4 =

8 + 4 =

9 + 4 =

03

6 + 5 =

7 + 5 =

8 + 5 =

9 + 5 =

04

4 + 8 =

5 + 8 =

6 + 8 =

7 + 8 =

8 + 8 =

9 + 8 =

05

5 + 7 =

6 + 7 =

7 + 7 =

8 + 7 =

9 + 7 =

06

6 + 6 =

7 + 6 =

8 + 6 =

9 + 6 =

23 A (몇)+(몇)=(십몇)을 한 번 더 연습해요

계산하세요.

01 $7+4=$

02 $9+5=$

03 $5+8=$

04 $5+9=$

05 $6+9=$

06 $7+5=$

07 $3+8=$

08 $2+9=$

09 $7+7=$

10 $8+6=$

11 $7+6=$

12 $8+5=$

13 $7+8=$

14 $9+7=$

15 $5+7=$

16 $9+8=$

17 $6+8=$

18 $4+8=$

19 $4+7=$

20 $6+5=$

21 $6+7=$

계산하세요.

01 $9+6=$

02 $5+9=$

03 $7+4=$

04 $6+5=$

05 $9+3=$

06 $8+5=$

07 $7+9=$

08 $8+4=$

09 $5+8=$

10 $4+7=$

11 $9+5=$

12 $7+5=$

13 $4+8=$

14 $3+9=$

15 $8+6=$

16 $6+7=$

17 $6+8=$

18 $9+7=$

19 $8+9=$

20 $7+6=$

21 $8+8=$

교과에선 이런 문제를 다루어요

01 □ 안에 알맞은 수를 써넣으세요.

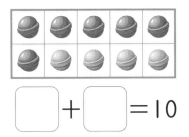

□ + □ = 10

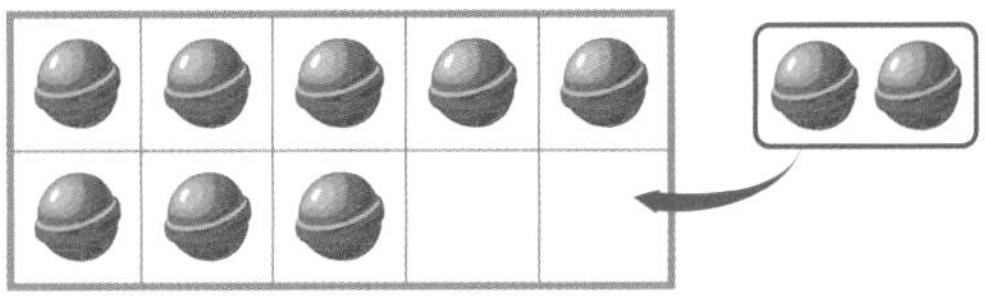

□ + □ = 10

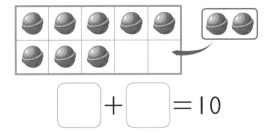

02 합이 10이 되는 칸을 모두 색칠하세요. 어떤 글자가 보이나요?

1+9	8+2	7+3	3+6	5+5	3+6
5+0	4+2	5+5	9+0	2+8	2+8
7+1	5+3	3+7	2+7	6+4	7+1

03 계란의 수에 알맞게 오른쪽 네모칸에 ○를 그리고 식으로 나타내세요.

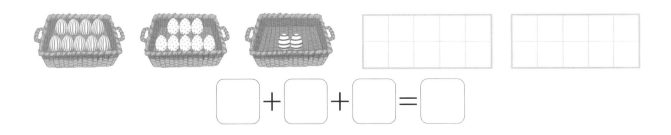

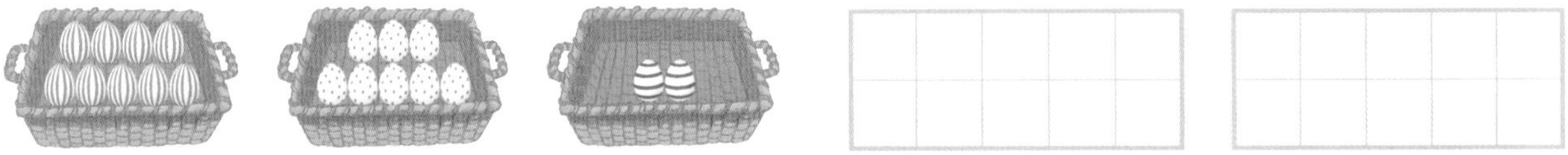

□ + □ + □ = □

04 계산하세요.

4+7+3=□

2+8+4=□

9+8+1=□

05 그림을 보고 □ 안에 알맞은 수를 써넣으세요.

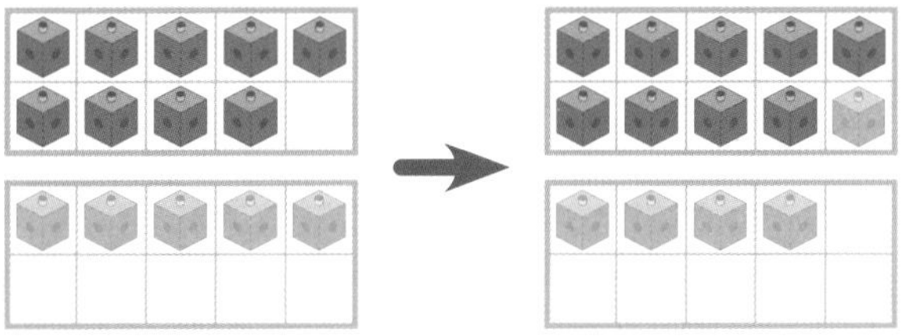

9+5=□

□ □

06 그림을 이용해서 덧셈식을 계산하세요.

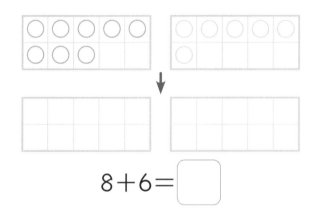

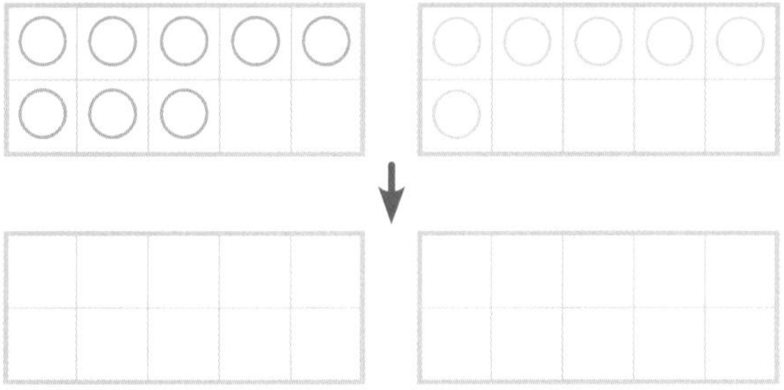

8+6=□

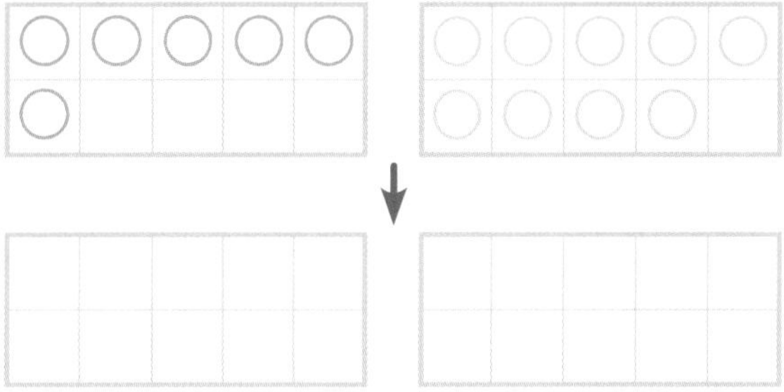

6+9=□

07 계산하세요.

9+5=□ 3+8=□ 7+4=□

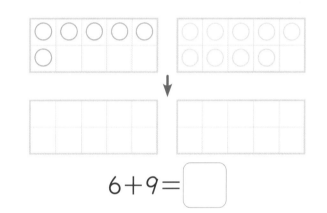

08 옆으로 덧셈식이 되는 세 수를 모두 찾아 (□+□=□) 표 하세요.

덧셈식을 4개 더 찾을 수 있네!

(8 + 5 = 13)			6	17
5	4	7	11	3
5	6	9	5	14
7	5	8	13	6
9	7	8	6	14

Part 3 Quiz Quiz

카드를 쌓는 규칙

수가 적힌 카드를 규칙대로 놓았습니다. 5번째 카드 더미에 적힌 수를 구하세요.

카드에 적힌 수와
카드의 개수 사이에
어떤 규칙이 있는 것 같은데...

4 PART (십몇)-(몇)=(몇)

차시별로 정답률을 확인하고, 성취도에 O표 하세요.

80% 이상 맞혔어요. 60% ~ 80% 맞혔어요. 60% 이하 맞혔어요.

차시	단원	성취도
24	10에서 빼기	
25	10 만들어 빼기	
26	10 만들어 빼기 연습	
27	앞의 수를 갈라서 빼기	
28	뒤의 수를 갈라서 빼기	
29	(십몇)-(몇)=(몇) 연습 1	
30	(십몇)-(몇)=(몇) 연습 2	
31	덧셈, 뺄셈 종합 연습 1	
32	덧셈, 뺄셈 종합 연습 2	

십몇에서 몇을 빼는 뺄셈을 할 때는 10을 이용하면 편합니다.

17장 중에서 9장만 써야지~
낱개 7장 먼저 챙기고
10장 묶음에서
2장 더 챙기면 되겠다.

나는 10장 묶음에서
9장 다 꺼낼래.
묶음에 남은 1장과 낱개 7장은
그냥 남겨 놔야지.

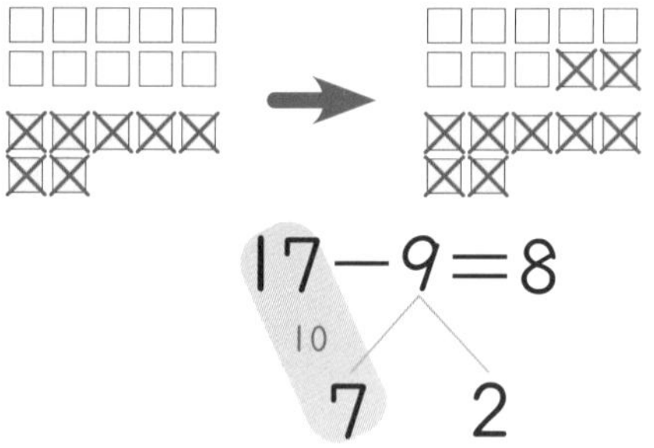

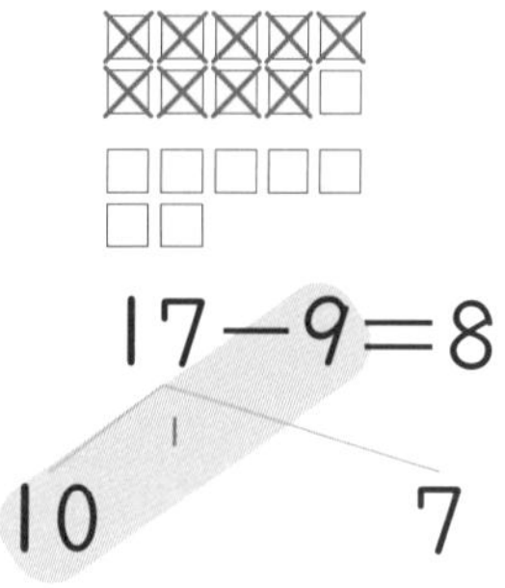

24 A 가르기로 10에서 빼기를 해요

10을 가른 두 수를 이용해서
뺄셈식을 세울 수 있습니다.

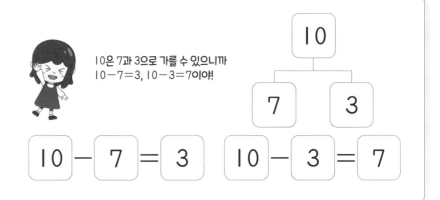

10은 7과 3으로 가를 수 있으니까
10－7＝3, 10－3＝7이야!

10 → 7, 3

$10-7=3$　$10-3=7$

□ 안에 알맞은 수를 써넣으세요.

01 10 → 2, □
$10-2=$ □

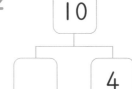

02 10 → □, 4
$10-$ □ $=4$

03 10 → 6, □
$10-6=$ □

04 10 → □, 8
$10-$ □ $=8$

05 10 → 3, □
$10-3=$ □

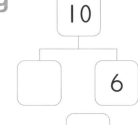

06 10 → 7, □
$10-7=$ □

07 10 → 9, □
$10-9=$ □

08 10 → □, 5
$10-$ □ $=5$

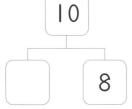

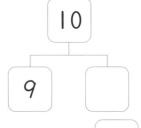

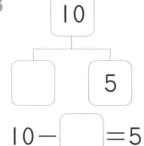

09 10 → □, 6
$10-$ □ $=6$

□ 안에 알맞은 수를 써넣으세요.

01 $10-\square=6$

02 $10-9=\square$

03 $10-\square=5$

04 $10-6=\square$

05 $10-\square=4$

06 $10-3=\square$

07 $10-\square=3$

08 $10-4=\square$

09 $10-\square=6$

10 $10-5=\square$

11 $10-\square=7$

12 $10-8=\square$

13 $10-\square=1$

14 $10-2=\square$

15 $10-\square=9$

16 $10-7=\square$

17 $10-\square=2$

18 $10-5=\square$

19 $10-\square=8$

20 $10-1=\square$

21 $10-\square=4$

10에서 빼기를 해요

빈칸에 알맞은 수를 써넣으세요.

01 $10 - \square = 4$

02 $10 - 5 = \square$

03 $10 - \square = 3$

04 $10 - \square = 7$

05 $10 - 7 = \square$

06 $10 - \square = 9$

07 $10 - 3 = \square$

08 $10 - \square = 5$

09 $10 - 4 = \square$

10 $10 - 7 = \square$

11 $10 - \square = 1$

12 $10 - 2 = \square$

13 $10 - \square = 6$

14 $10 - 6 = \square$

15 $10 - \square = 7$

16 $10 - \square = 2$

17 $10 - 9 = \square$

18 $10 - \square = 8$

19 $10 - 1 = \square$

20 $10 - \square = 2$

21 $10 - 8 = \square$

빈칸에 두 수의 차를 써넣으세요.

01

10	4

02

8	10

03

7	10

04

3	10

05

10	6

06

10	9

07

10	5

08

2	10

09

6	10

10

5	10

11

10	3

12

10	7

13

10	8

14

4	10

15

10	2

10과 몇의 뺄셈으로 바꾸어 빼요

차가 10인 두 수를 먼저 뺀 다음 남은 수를 빼면 10에서 몇을 빼는 뺄셈으로 풀 수 있습니다.

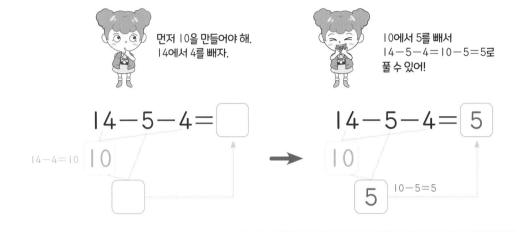

먼저 10을 만들어야 해.
14에서 4를 빼자.

10에서 5를 빼서
14−5−4=10−5=5로
풀 수 있어!

14−5−4=□ (14−4=10, 10, □) → 14−5−4=5 (10, 5, 10−5=5)

차가 10인 두 수를 먼저 빼고 □ 안에 알맞은 수를 써넣어 뺄셈식을 계산하세요.

01 16−5−6=□

02 18−8−3=□

03 19−9−7=□

04 13−3−4=□

05 17−1−7=□

06 14−6−4=□

07 12−6−2=□

08 15−5−8=□

09 17−7−2=□

차가 10인 두 수에 ○표 하고, □ 안에 알맞은 수를 써넣어 뺄셈식을 계산하세요.

10에서 빼는 뺄셈식을 기억하지 못하면 조금 어려울 수 있어.

$14 - 7 - 4$
$= 10 - 7$
$= 3$

01 $16 - 8 - 6$
$= 10 - □$
$= □$

02 $12 - 2 - 7$
$= 10 - □$
$= □$

03 $18 - 8 - 6$
$= 10 - □$
$= □$

04 $14 - 4 - 8$
$= 10 - □$
$= □$

05 $13 - 8 - 3$
$= 10 - □$
$= □$

06 $16 - 9 - 6$
$= 10 - □$
$= □$

07 $19 - 9 - 5$
$= 10 - □$
$= □$

08 $17 - 2 - 7$
$= 10 - □$
$= □$

09 $16 - 6 - 7$
$= 10 - □$
$= □$

10 $14 - 3 - 4$
$= 10 - □$
$= □$

11 $15 - 5 - 3$
$= 10 - □$
$= □$

12 $15 - 8 - 5$
$= 10 - □$
$= □$

13 $11 - 4 - 1$
$= 10 - □$
$= □$

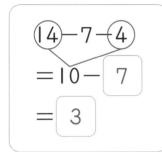

14 $17 - 7 - 4$
$= 10 - □$
$= □$

10 만들어 빼기

25 B 차가 10인 두 수를 먼저 찾아야 해요

계산하세요.

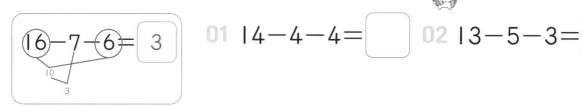

차가 10인 두 수를 먼저 표시해서
10과 몇의 뺄셈으로 바꾸어 봐.

$16-7-6=$ 3 (10, 3)

01 $14-4-4=$ ☐

02 $13-5-3=$ ☐

03 $18-4-8=$ ☐

04 $17-9-7=$ ☐

05 $16-6-2=$ ☐

06 $19-4-9=$ ☐

07 $16-6-5=$ ☐

08 $12-2-9=$ ☐

09 $14-4-3=$ ☐

10 $17-1-7=$ ☐

11 $18-2-8=$ ☐

12 $14-4-8=$ ☐

13 $13-6-3=$ ☐

14 $16-3-6=$ ☐

15 $18-7-8=$ ☐

16 $19-9-6=$ ☐

17 $15-5-7=$ ☐

18 $15-5-1=$ ☐

19 $12-8-2=$ ☐

20 $11-2-1=$ ☐

계산하세요.

01 $14-4-7=$

02 $11-7-1=$

03 $16-6-8=$

04 $19-2-9=$

05 $15-1-5=$

06 $17-7-6=$

07 $16-6-9=$

08 $14-4-6=$

09 $12-4-2=$

10 $12-6-2=$

11 $18-8-5=$

12 $13-3-1=$

13 $19-9-4=$

14 $13-3-3=$

15 $15-9-5=$

16 $14-4-3=$

17 $17-5-7=$

18 $16-4-6=$

19 $11-8-1=$

20 $13-3-2=$

21 $18-7-8=$

4 PART

26 A 10 만들어 빼기를 연습해요

계산하세요.

01 $14-4-4=$

02 $17-8-7=$

03 $19-9-4=$

04 $15-5-7=$

05 $13-5-3=$

06 $18-3-8=$

07 $12-5-2=$

08 $15-5-6=$

09 $14-4-6=$

10 $13-9-3=$

11 $16-6-8=$

12 $13-4-3=$

13 $18-8-6=$

14 $12-7-2=$

15 $16-6-3=$

16 $17-3-7=$

17 $14-4-5=$

18 $15-1-5=$

19 $16-6-2=$

20 $18-8-1=$

21 $11-7-1=$

계산하세요.

01 13 − 8 − 3 =

02 11 − 3 − 1 =

03 14 − 4 − 2 =

04 17 − 7 − 4 =

05 18 − 8 − 9 =

06 13 − 1 − 3 =

07 18 − 9 − 8 =

08 12 − 4 − 2 =

09 15 − 6 − 5 =

10 14 − 4 − 5 =

11 11 − 1 − 4 =

12 19 − 9 − 5 =

13 15 − 3 − 5 =

14 18 − 8 − 7 =

15 12 − 3 − 2 =

16 15 − 5 − 6 =

17 16 − 6 − 7 =

18 16 − 2 − 6 =

19 19 − 8 − 9 =

20 16 − 5 − 6 =

21 17 − 7 − 6 =

26 B 10 만들어 빼기를 다양하게 연습해요

차가 10인 두 수를 묶고 단추 위의 수에서 아래의 두 수를 뺀 수를 □ 안에 써넣으세요.

(예시) 13

3 6 → [4]

01 12

2 5 → □

02 14

4 1 → □

03 15

1 5 → □

04 16

4 6 → □

05 11

5 1 → □

06 18

6 8 → □

07 16

6 3 → □

08 17

7 4 → □

09 12

2 4 → □

10 19

7 9 → □

11 13

2 3 → □

12 14

7 4 → □

13 15

5 2 → □

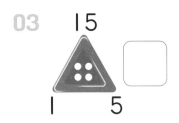

14 17

8 7 → □

계산 결과가 가장 큰 식에 ○표, 가장 작은 식에 △표 하세요.

01

15 − 5 − 4	12 − 2 − 5	13 − 7 − 3
17 − 6 − 7	16 − 6 − 4	14 − 3 − 4

02

12 − 2 − 1	18 − 4 − 8	13 − 3 − 7
14 − 3 − 4	16 − 4 − 6	15 − 5 − 2

03

11 − 1 − 4	18 − 8 − 5	16 − 6 − 9
17 − 8 − 7	13 − 6 − 3	15 − 7 − 5

04

16 − 8 − 6	13 − 5 − 3	19 − 9 − 1
17 − 7 − 6	15 − 5 − 2	14 − 3 − 4

27 Ⓐ 앞의 수를 10과 몇으로 갈라요

앞의 수를 10과 몇으로 가르면 10에서 빼는 뺄셈을 이용해서 뺄셈을 풀 수 있습니다.

15는 5와 10으로
가를 수 있어.

15−8

10 − 8 + 5 = □

→

2에 5를 더해서
15−8=5+2=7로
풀 수 있어!

15−8

10 − 8 + 5 = 7 (10 − 8 = 2)

앞의 수를 10과 몇으로 가르고, □ 안에 알맞은 수를 써넣어 뺄셈식을 계산하세요.

01 11−8

10−8+□=□

02 17−9

10−9+□=□

03 14−9

10−9+□=□

04 15−9

10−9+□=□

05 13−8

10−8+□=□

06 12−7

10−7+□=□

07 16−8

10−8+□=□

08 18−9

10−9+□=□

□ 안에 알맞은 수를 써넣어 뺄셈식을 계산하세요.

앞의 수를 10과 몇으로 갈라야 10에서 빼기를 할 수 있어!

예: 12−9=3 (10, 2 / 1+2=3)

01 11−9=□ (□, □)

02 15−8=□ (□, □)

03 16−9=□ (□, □)

04 14−8=□ (□, □)

05 16−7=□ (□, □)

06 12−7=□ (□, □)

07 15−7=□ (□, □)

08 13−9=□ (□, □)

09 17−9=□ (□, □)

10 12−8=□ (□, □)

11 16−8=□ (□, □)

12 14−7=□ (□, □)

13 13−8=□ (□, □)

14 14−9=□ (□, □)

27 B 앞의 수를 갈라서 빼기를 연습해요

계산하세요.

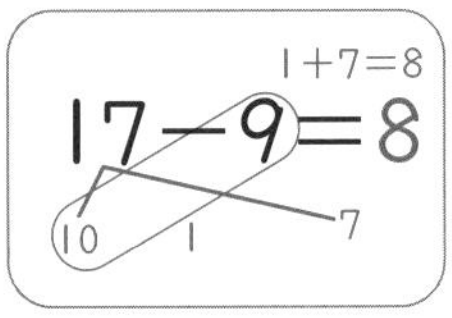

01 $13-7=$

02 $16-7=$

03 $12-8=$

04 $15-7=$

05 $11-9=$

06 $15-9=$

07 $11-7=$

08 $14-7=$

09 $16-8=$

10 $12-7=$

11 $15-8=$

12 $14-8=$

13 $18-9=$

14 $13-8=$

15 $13-9=$

16 $11-8=$

17 $12-9=$

18 $16-9=$

19 $17-8=$

20 $14-9=$

공부한 날 : 월 일

빼는 수가 10에 가깝다면
앞의 수를 가르는 방법이 더 편해.

계산하세요.

01 11−9=	02 16−9=	03 13−8=
04 14−8=	05 15−7=	06 18−9=
07 12−9=	08 15−8=	09 11−7=
10 16−7=	11 13−7=	12 17−9=
13 16−8=	14 11−8=	15 14−7=
16 14−9=	17 17−8=	18 12−8=
19 12−7=	20 15−9=	21 13−9=

28 A

뒤의 수를 갈라서 빼기

뒤의 수를 갈라서 차가 10인 두 수가 있는 뺄셈으로 만들어요

뒤의 수를 갈라 차가 10인 두 수를 만들고, 10과 몇의 뺄셈으로 풀 수 있습니다.

10을 만들려면 12에서는 2를 빼야 해.
3을 2와 1로 가르자.

10에서 1을 빼서
12−3=10−1=9로
풀 수 있어!

12−3

12− [2] − [1] = □ → 12− [2] − [1] = [9] (12−2 = 10)

뒤의 수를 갈라 차가 10인 두 수를 만들고, □ 안에 알맞은 수를 써넣어 뺄셈식을 계산하세요.

01 16−8

16−6−□=□

02 15−8

15−5−□=□

03 18−9

18−8−□=□

04 14−6

14−4−□=□

05 11−4

11−1−□=□

06 17−8

17−7−□=□

07 12−4

12−2−□=□

08 13−4

13−3−□=□

□ 안에 알맞은 수를 써넣어 뺄셈식을 계산하세요.

수를 어떻게 갈라야
차가 10인 두 수를
만들 수 있을까?

(예시) 13−4=9 (13을 10과 3으로 가르고, 4를 3과 1로 가르기: 10−1=9)

01 11−4=□ (□, □)

02 14−5=□ (□, □)

03 17−8=□ (□, □)

04 12−3=□ (□, □)

05 16−8=□ (□, □)

06 15−6=□ (□, □)

07 13−6=□ (□, □)

08 18−9=□ (□, □)

09 14−7=□ (□, □)

10 17−9=□ (□, □)

11 16−7=□ (□, □)

12 12−4=□ (□, □)

13 14−6=□ (□, □)

14 13−5=□ (□, □)

4 PART

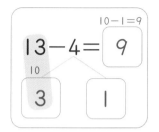

뒤의 수를 갈라서 빼기

28 B 뒤의 수를 갈라서 빼기를 연습해요

차가 10인 수가 생기도록
뒤의 수를 갈라야 해!

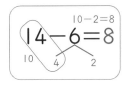

계산하세요.

보기
10−2=8
14−6=8
10 4 2

01 16−7=

02 15−7=

03 14−7=

04 17−8=

05 12−3=

06 16−9=

07 11−2=

08 16−8=

09 14−6=

10 12−5=

11 11−3=

12 13−6=

13 13−5=

14 18−9=

15 11−4=

16 15−6=

17 12−4=

18 17−9=

19 13−4=

20 14−5=

공부한 날 : 월 일

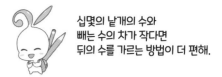

십몇의 낱개의 수와
빼는 수의 차가 작다면
뒤의 수를 가르는 방법이 더 편해.

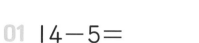

계산하세요.

01 14－5＝

02 13－5＝

03 18－9＝

04 15－6＝

05 17－9＝

06 15－8＝

07 16－8＝

08 12－5＝

09 12－3＝

10 11－3＝

11 13－6＝

12 15－7＝

13 16－9＝

14 14－6＝

15 13－4＝

16 12－4＝

17 11－2＝

18 11－4＝

19 14－7＝

20 17－8＝

21 16－7＝

29 A (십몇)-(몇)=(몇)을 연습해요

계산하세요.

01 $11-4=$

02 $14-7=$

03 $13-8=$

04 $15-6=$

05 $13-9=$

06 $12-3=$

07 $17-9=$

08 $11-2=$

09 $15-9=$

10 $16-7=$

11 $16-9=$

12 $14-6=$

13 $13-5=$

14 $11-7=$

15 $18-9=$

16 $17-8=$

17 $15-9=$

18 $12-5=$

19 $12-7=$

20 $16-8=$

21 $14-8=$

□ 안에 두 수의 차를 써넣으세요.

17	8	9

17−8=9

01 | 12 | 9 | □

02 | 14 | 7 | □

03 | 8 | 14 | □

04 | 16 | 8 | □

05 | 11 | 9 | □

06 | 17 | 9 | □

07 | 5 | 12 | □

08 | 15 | 6 | □

09 | 11 | 7 | □

10 | 15 | 7 | □

11 | 9 | 13 | □

12 | 8 | 15 | □

13 | 13 | 8 | □

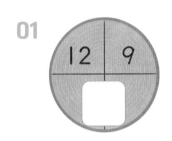

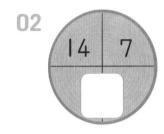

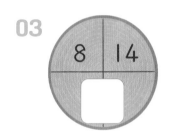

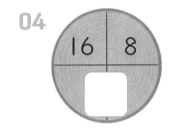

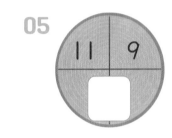

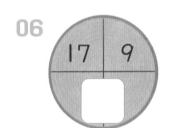

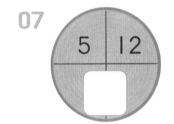

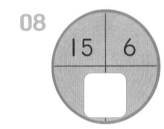

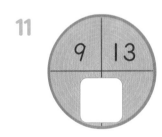

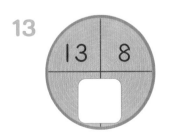

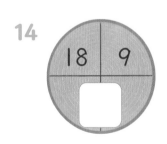

14 | 18 | 9 | □

(십몇)-(몇)=(몇) 연습 1

29 B 1 큰 수를 빼면 차가 1 작아져요

계산하세요.

01 $18 - 9 =$

02 $17 - 8 =$

$17 - 9 =$

03 $16 - 7 =$

$16 - 8 =$

$16 - 9 =$

04 $11 - 3 =$

$11 - 4 =$

$11 - 5 =$

$11 - 6 =$

$11 - 7 =$

$11 - 8 =$

$11 - 9 =$

05 $12 - 4 =$

$12 - 5 =$

$12 - 6 =$

$12 - 7 =$

$12 - 8 =$

$12 - 9 =$

06 $13 - 5 =$

$13 - 6 =$

$13 - 7 =$

$13 - 8 =$

$13 - 9 =$

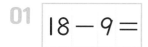

공부한 날 : 월 일

계산하세요.

01

11 − 4 =

12 − 4 =

02

11 − 5 =

12 − 5 =

13 − 5 =

03

12 − 6 =

13 − 6 =

14 − 6 =

15 − 6 =

04

11 − 9 =

12 − 9 =

13 − 9 =

14 − 9 =

15 − 9 =

16 − 9 =

05

12 − 8 =

13 − 8 =

14 − 8 =

15 − 8 =

16 − 8 =

06

13 − 7 =

14 − 7 =

15 − 7 =

16 − 7 =

(십몇)-(몇)=(몇)을 한 번 더 연습해요

계산하세요.

01 11−7=

02 15−8=

03 13−5=

04 11−4=

05 12−7=

06 14−8=

07 15−7=

08 17−8=

09 16−9=

10 14−7=

11 11−3=

12 13−4=

13 16−8=

14 12−5=

15 12−4=

16 12−8=

17 11−9=

18 15−6=

19 14−6=

20 13−9=

21 16−7=

계산하세요.

01 15 − 8 =

02 12 − 7 =

03 13 − 9 =

04 17 − 8 =

05 17 − 9 =

06 12 − 5 =

07 13 − 5 =

08 11 − 3 =

09 12 − 3 =

10 13 − 4 =

11 14 − 5 =

12 15 − 7 =

13 13 − 8 =

14 11 − 8 =

15 14 − 6 =

16 15 − 6 =

17 16 − 7 =

18 11 − 4 =

19 12 − 9 =

20 14 − 7 =

21 16 − 8 =

(십몇)-(몇)=(몇) 연습 2

30B (십몇)-(몇)=(몇)을 다양하게 연습해요

차가 가장 큰 식에 ○표, 가장 작은 식에 △표 하세요.

01

12－5	16－7
13－9	11－8

02

14－9	13－4
12－4	16－9

03

17－9	11－6
15－6	12－8

04

13－9	15－7
12－7	11－4

05

13－7	12－3
16－8	14－7

06

12－7	11－7
13－5	18－9

두 수의 차가 [ ]에 적힌 수와 같은 것에 모두 ○표 하세요.

01 8

11	3	16	9	12	8
14	9	15	7	16	9

02 9

17	8	12	4	16	9
13	5	15	8	11	2

03 5

12	7	14	8	15	9
11	4	16	9	13	8

04 6

14	7	15	9	13	8
13	7	11	6	12	7

31 덧셈, 뺄셈 종합 연습 1

A 덧셈과 뺄셈을 함께 연습해요

계산하세요.

01 $4+8=$

02 $14-7=$

03 $4+7=$

04 $3+9=$

05 $16-9=$

06 $12-7=$

07 $8+6=$

08 $12-3=$

09 $7+6=$

10 $11-8=$

11 $5+8=$

12 $9+4=$

13 $8+3=$

14 $16-8=$

15 $13-5=$

16 $11-4=$

17 $9+6=$

18 $17-9=$

19 $3+8=$

20 $15-7=$

21 $8+8=$

계산하세요.

01 16 − 8 =

02 11 − 5 =

03 3 + 9 =

04 11 − 4 =

05 7 + 9 =

06 4 + 7 =

07 14 − 6 =

08 13 − 7 =

09 5 + 8 =

10 6 + 6 =

11 12 − 9 =

12 13 − 5 =

13 8 + 3 =

14 15 − 8 =

15 3 + 7 =

16 12 − 8 =

17 6 + 9 =

18 11 − 7 =

19 5 + 6 =

20 12 − 5 =

21 7 + 8 =

31 B

덧셈, 뺄셈 종합 연습 1

여러 가지 덧셈, 뺄셈 문제를 풀어요

네 개의 수 중에서 큰 두 수를 골라야 합이 가장 큰 식을 만들 수 있어~!

수 카드 중에 2장을 골라 합이 가장 큰 식을 만들고 계산하세요.

(예) 7 3 9 6

7 + 9 = 16

01 7 8 5 3

□ + □ = □

02 6 9 3 8

□ + □ = □

03 2 9 4 5

□ + □ = □

04 8 6 5 2

□ + □ = □

05 5 4 8 2

□ + □ = □

06 4 5 9 6

□ + □ = □

07 7 1 6 3

□ + □ = □

수 카드 중에 2장을 골라 차가 가장 큰 식을 만들고 계산하세요.

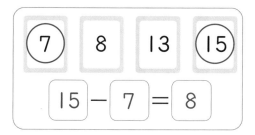

가장 큰 수에서
가장 작은 수를 빼야
차가 가장 큰 식이 돼!

(7) 8 13 (15)

15 − 7 = 8

01 8 6 14 15

☐ − ☐ = ☐

02 8 7 13 16

☐ − ☐ = ☐

03 6 8 12 13

☐ − ☐ = ☐

04 9 6 14 12

☐ − ☐ = ☐

05 7 9 11 15

☐ − ☐ = ☐

06 9 7 14 11

☐ − ☐ = ☐

07 9 6 13 14

☐ − ☐ = ☐

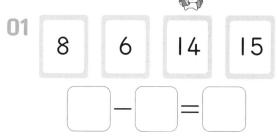

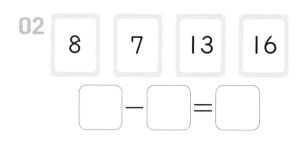

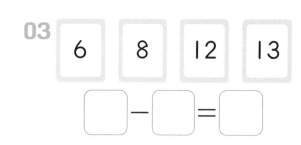

4 PART

덧셈, 뺄셈 종합 연습 2

32 A 덧셈과 뺄셈을 한 번 더 연습해요

계산하세요.

01 $2+9=$

02 $12-8=$

03 $8+4=$

04 $16-7=$

05 $7+8=$

06 $6+8=$

07 $14-6=$

08 $3+8=$

09 $15-8=$

10 $6+9=$

11 $16-9=$

12 $15-7=$

13 $14-7=$

14 $5+6=$

15 $4+7=$

16 $4+9=$

17 $16-7=$

18 $17-9=$

19 $8+9=$

20 $13-5=$

21 $7+5=$

계산하세요.

01 12 − 8 =

02 18 − 9 =

03 6 + 5 =

04 11 − 3 =

05 9 + 2 =

06 17 − 9 =

07 9 + 4 =

08 13 − 6 =

09 6 + 8 =

10 8 + 6 =

11 14 − 8 =

12 16 − 7 =

13 14 − 7 =

14 15 − 9 =

15 8 + 8 =

16 13 − 5 =

17 6 + 6 =

18 12 − 4 =

19 5 + 7 =

20 5 + 9 =

21 7 + 4 =

교과 예선

이런 문제를 다루어요

01 그림을 보고 뺄셈을 하세요.

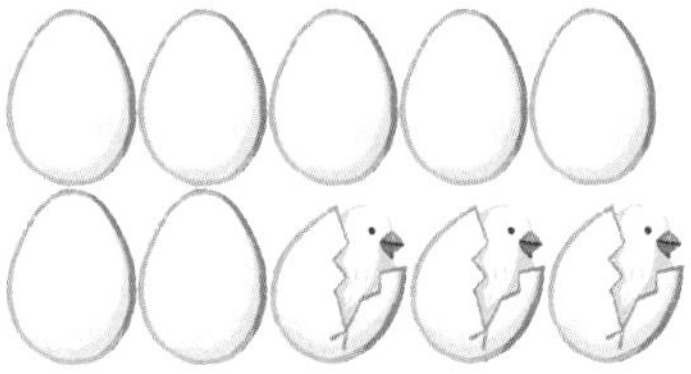

10－3=☐

10－6=☐

02 빵이 10개 있습니다. 준수가 빵을 7개 먹으면 몇 개가 남을까요?

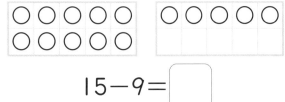

식 : ______________ 답 : _____개

03 ○를 X표로 지워 뺄셈을 하세요.

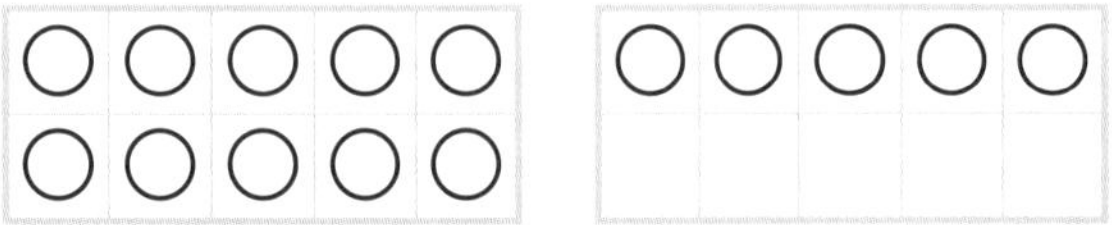

15－9=☐

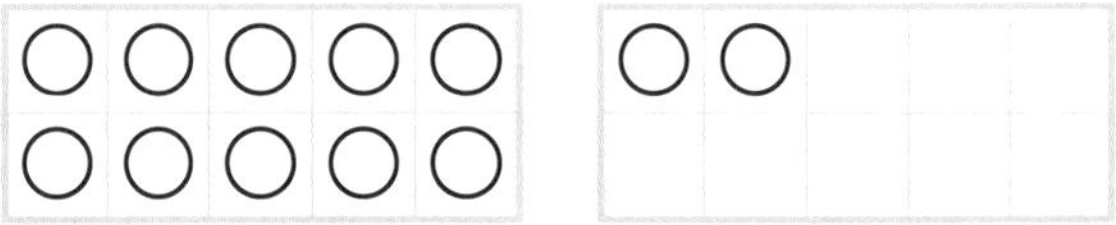

12－7=☐

04 그림을 보고 ☐ 안에 알맞은 수를 써넣으세요.

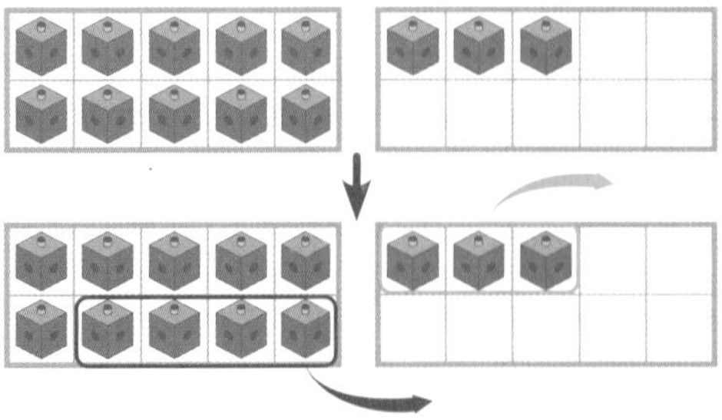

13－7=☐

☐ 4

05 □ 안에 알맞은 수를 써넣으세요.

$14-9=\square$ (10, □)

$17-8=\square$ (10, □)

$12-5=\square$ (10, □)

$16-9=\square$

$13-4=\square$

$11-5=\square$

06 그림을 보고 바지의 수를 구하는 뺄셈식을 만드세요.

$\square-\square=\square$

07 옆으로 뺄셈식이 되는 세 수를 모두 찾아 (□−□=□) 표 하세요.

뺄셈식을 4개 더
찾을 수 있네!

(17 − 9 = 8)			4	12
9	11	7	4	6
8	3	15	7	8
14	6	16	9	7
17	16	7	9	16

Part 4 Quiz Quiz 이웃한 수와의 차가 1

위, 아래, 옆으로 이웃한 수끼리 차가 1이 되게 수를 써넣었습니다.

1	2	3	2
2	3	2	3
3	2	3	2
2	3	2	3

1	2	3	4
2	3	4	3
3	4	3	2
4	3	2	1

같은 방법으로 빈칸에 수를 알맞게 써넣으세요.

1		3		5
	3		5	
1			4	
	3	2		2
1		3		1

09 43　10 11
11 54　12 46
13 16　14 52
15 92　16 49

05B ▶ 28쪽

01 32, 58 — **커집니다.** / 작아집니다.
02 23, 41 — 커집니다. / **작아집니다.**
03 32, 23 — 커집니다. / **작아집니다.**
04 23, 44 — **커집니다.** / 작아집니다.
05 32, 46 — 커집니다. / **작아집니다.**
06 23, 59 — **커집니다.** / 작아집니다.
07 23, 25 — 커집니다. / **작아집니다.**
08 32, 49 — **커집니다.** / 작아집니다.

▶ 29쪽

01 14, 35 — 커집니다. / **작아집니다.**
02 32, 65 — **커집니다.** / 작아집니다.
03 32, 56 — **커집니다.** / 작아집니다.
04 41, 27 — 커집니다. / **작아집니다.**
05 14, 29 — **커집니다.** / 작아집니다.
06 32, 62 — 커집니다. / **작아집니다.**
07 32, 45 — 커집니다. / **작아집니다.**
08 23, 33 — 커집니다. / **작아집니다.**
09 23, 54 — **커집니다.** / 작아집니다.
10 23, 36 — **커집니다.** / 작아집니다.
11 23, 35 — 커집니다. / **작아집니다.**
12 41, 67 — **커집니다.** / 작아집니다.

06A ▶ 30쪽

01

72	**73**	74	**75**	76	**77**
82	83	**84**	85	**86**	87

02

24	25	**26**	**27**	28
34	35	**36**	37	**38**

03

31	32	**33**	**34**	35	**36**
41	**42**	43	44	**45**	46

04

56	57	58	**59**	60
66	**67**	**68**	69	**70**

05

13	14	**15**	**16**	17
23	24	25	26	**27**
33	**34**	35		
43	44			
53	54			

06

			47	**48**
			57	58
		66	67	**68**
74	75	**76**	77	**78**
84	**85**	86	**87**	88

07

	42			
51	52	53	**54**	55
61	**62**	63	64	**65**
71	72	**73**	74	75
			84	

08

				26
32	33	**34**	35	36
42	43	44	**45**	46
52	53	**54**	55	**56**
62				

▶ 31쪽

01 32, 11 — 커집니다. / **작아집니다.**
02 14, 65 — **커집니다.** / 작아집니다.
03 32, 35 — 커집니다. / **작아집니다.**
04 23, 88 — **커집니다.** / 작아집니다.
05 32, 57 — **커집니다.** / 작아집니다.
06 23, 51 — 커집니다. / **작아집니다.**
07 41, 52 — 커집니다. / **작아집니다.**
08 23, 85 — **커집니다.** / 작아집니다.
09 41, 85 — **커집니다.** / 작아집니다.
10 23, 26 — 커집니다. / **작아집니다.**
11 32, 64 — **커집니다.** / 작아집니다.
12 14, 42 — 커집니다. / **작아집니다.**

교과에선 이런 문제를 다루어요 ▶ 32쪽

01 90, 60, 80
02 6, 3, 63　8, 2, 82
03

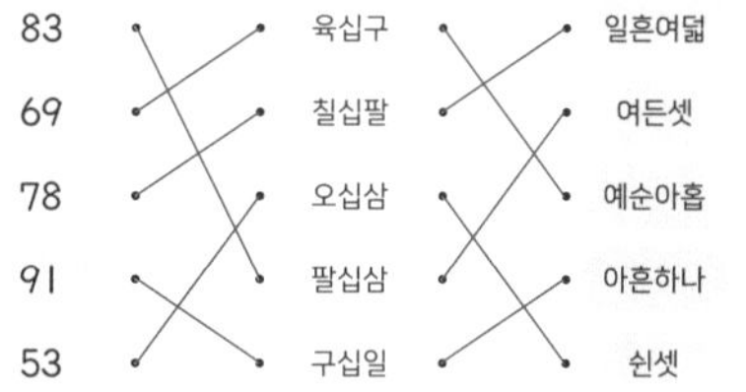

04 75, 76　62, 65
88, 90　58, 60
05

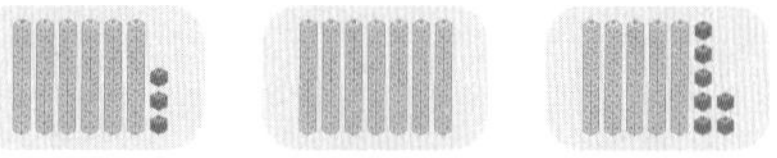

63　(70)　57

06

		52	**53**	**54**	55		
	56	**57**	58	59	**60**		
	61	**62**	63	64	**65**	66	
67	**68**	69	**70**	**71**	72	73	
74	75	**76**	77	**78**	**79**	80	81

Quiz Quiz ▶ 34쪽

주어진 성냥을 뒤집어서 보면 58, 59, □, 61, 62입니다. 따라서 가려진 수는 '60'입니다.

PART 2. 두 자리 수 덧셈, 뺄셈의 기초

07A ▶ 36쪽

01 2, 5, 7 / 70　02 3, 3, 6 / 60　03 5, 3, 8 / 80
04 6, 3, 9 / 90　05 1, 4, 5 / 50　06 3, 4, 7 / 70
07 5, 4, 9 / 90　08 6, 1, 7 / 70　09 4, 2, 6 / 60
10 4, 4, 8 / 80　11 2, 6, 8 / 80　12 2, 3, 5 / 50

▶ 37쪽

01 50　02 70　03 60
04 90　05 90　06 30
07 40　08 90　09 80
10 70　11 50　12 60
13 60　14 20　15 70
16 90　17 80　18 50
19 40　20 70　21 80

07B ▶ 38쪽

01 2, 9, 29　02 6, 1, 61　03 1, 8, 18
04 9, 3, 93　05 3, 7, 37　06 8, 6, 86
07 7, 5, 75　08 5, 3, 53　09 4, 2, 42

▶ 39쪽

01 24　02 57　03 77
04 49　05 95　06 35
07 33　08 86　09 17
10 52　11 26　12 46
13 72　14 89　15 68
16 64　17 41　18 94
19 98　20 27　21 71

08A ▶ 40쪽

01 5, 6, 56　02 6, 8, 68　03 3, 8, 38
04 4, 6, 46　05 3, 9, 39　06 2, 7, 27
07 6, 4, 64　08 5, 8, 58　09 7, 8, 78

▶ 41쪽

01 33　02 74　03 47
04 58　05 55　06 28
07 88　08 37　09 68
10 46　11 95　12 77
13 99　14 15　15 48
16 37　17 84　18 19
19 66　20 27　21 58

08B ▶ 42쪽

01 9, 5, 95　02 6, 7, 67　03 7, 6, 76
04 3, 7, 37　05 7, 8, 78　06 5, 3, 53
07 8, 5, 85　08 6, 9, 69　09 5, 9, 59

07 1 08 4 09 6
10 4 11 5 12 9
13 6 14 7 15 1
16 7 17 5 18 6
19 2 20 8 21 3

26A ▶ 116쪽

01 6 02 2 03 6
04 3 05 5 06 7
07 5 08 4 09 4
10 1 11 2 12 6
13 4 14 3 15 7
16 7 17 5 18 9
19 8 20 9 21 3

▶ 117쪽

01 2 02 7 03 8
04 6 05 1 06 9
07 1 08 6 09 4
10 5 11 6 12 5
13 7 14 3 15 7
16 4 17 3 18 8
19 2 20 5 21 4

26B ▶ 118쪽

01 5 02 9
03 9 04 6 05 5
06 4 07 7 08 6
09 6 10 3 11 8
12 3 13 8 14 2

▶ 119쪽

01
15-5-4 12-2-5 13-7-3
17-6-7 16-6-4 14-3-4

02
12-2-1 18-4-8 13-3-7
14-3-4 16-4-6 15-5-2

03
11-1-4 18-8-5 16-6-9
17-8-7 13-6-3 15-7-5

04
16-8-6 13-5-3 19-9-1
17-7-6 15-5-2 14-3-4

27A ▶ 120쪽

01 1, 3 02 7, 8
03 4, 5 04 5, 6
05 3, 5 06 2, 5
07 6, 8 08 8, 9

▶ 121쪽

01 10, 1, 2 02 10, 5, 7
03 10, 6, 7 04 10, 4, 6 05 10, 6, 9
06 10, 2, 5 07 10, 5, 8 08 10, 3, 4
09 10, 7, 8 10 10, 2, 4 11 10, 6, 8
12 10, 4, 7 13 10, 3, 5 14 10, 4, 5

27B ▶ 122쪽

01 6 02 9
03 4 04 8 05 2
06 6 07 4 08 7
09 8 10 5 11 7
12 6 13 9 14 5
15 4 16 3 17 3
18 7 19 9 20 5

▶ 123쪽

01 2 02 7 03 5
04 6 05 8 06 9
07 3 08 7 09 4
10 9 11 6 12 8
13 8 14 3 15 7
16 5 17 9 18 4
19 5 20 6 21 4

28A ▶ 124쪽

01 2, 8 02 3, 7
03 1, 9 04 2, 8
05 3, 7 06 1, 9
07 2, 8 08 1, 9

▶ 125쪽

01 1, 3, 7 02 4, 1, 9
03 7, 1, 9 04 2, 1, 9 05 6, 2, 8
06 5, 1, 9 07 3, 3, 7 08 8, 1, 9
09 4, 3, 7 10 7, 2, 8 11 6, 1, 9
12 2, 2, 8 13 4, 2, 8 14 3, 2, 8

28B ▶ 126쪽

01 9 02 8
03 7 04 9 05 9
06 7 07 9 08 8
09 8 10 7 11 8
12 7 13 8 14 9
15 7 16 9 17 8
18 8 19 9 20 9

▶ 127쪽

01 9 02 8 03 9
04 9 05 8 06 7
07 8 08 7 09 9
10 8 11 7 12 8
13 7 14 8 15 9
16 8 17 9 18 7
19 7 20 9 21 9

29A ▶ 128쪽

01 7 02 7 03 5
04 9 05 4 06 9
07 8 08 9 09 6
10 9 11 7 12 8
13 8 14 4 15 9
16 9 17 6 18 7
19 5 20 8 21 6

▶ 129쪽

01 3 02 7
03 6 04 8 05 2
06 8 07 7 08 9
09 4 10 8 11 4
12 7 13 5 14 9

29B ▶ 130쪽

01 9
02 9, 8
03 9, 8, 7
04 8, 7, 6, 5, 4, 3, 2
05 8, 7, 6, 5, 4, 3
06 8, 7, 6, 5, 4

▶ 131쪽

01 7, 8
02 6, 7, 8
03 6, 7, 8, 9

16 14　17 11　18 13
19 11　20 13　21 11

22A ▶ 98쪽

01 15　02 12　03 11
04 13　05 14　06 11
07 11　08 11　09 12
10 13　11 13　12 13
13 17　14 11　15 12
16 11　17 16　18 14
19 15　20 13　21 12

▶ 99쪽

01 11　02 11　03 11
04 11　05 12　06 17
07 13　08 13　09 14
10 11　11 12　12 14
13 14　14 13　15 12
16 15　17 14　18 14
19 15　20 13　21 16

22B ▶ 100쪽

01 11
02 11, 12
03 11, 12, 13
04 12, 13, 14, 15, 16, 17, 18
05 12, 13, 14, 15, 16, 17
06 12, 13, 14, 15, 16

▶ 101쪽

01 11, 12
02 11, 12, 13
03 11, 12, 13, 14
04 12, 13, 14, 15, 16, 17
05 12, 13, 14, 15, 16
06 12, 13, 14, 15

23A ▶ 102쪽

01 11　02 14　03 13
04 14　05 15　06 12
07 11　08 11　09 14
10 14　11 13　12 13
13 15　14 16　15 12
16 17　17 14　18 12
19 11　20 11　21 13

▶ 103쪽

01 15　02 14　03 11
04 11　05 12　06 13
07 16　08 12　09 13
10 11　11 14　12 12
13 12　14 12　15 14
16 13　17 14　18 16
19 17　20 13　21 16

교과에선 이런 문제를 다루어요 ▶ 104쪽

01 6, 4　8, 2

02

1+9	8+2	7+3	3+6	5+5	3+6
5+0	4+2	5+5	9+0	2+8	2+8
7+1	5+3	3+7	2+7	6+4	7+1

, 가

03 9+8+2=19
04 14; 10, 14　14; 10, 14　18
05 1, 4, 14
06 14, 15
07 14, 11, 11
08

8 + 5 = 13	6	17
5	4 + 7 = 11	3
5	6	9 + 5 = 14
7	5 + 8 = 13	6
9	7	8 + 6 = 14

Quiz Quiz ▶ 106쪽

카드에 적힌 수와 카드의 개수의 합은 10이 됩니다. 5번째 카드 더미의 카드는 3장 있으므로 카드에 적힌 수는 7입니다.

PART 4. (십몇)-(몇)=(몇)

24A ▶ 108쪽

01 8, 8　02 6, 6　03 4, 4
04 2, 2　05 7, 7　06 3, 3
07 1, 1　08 5, 5　09 4, 4

▶ 109쪽

01 4　02 1　03 5
04 4　05 6　06 7
07 7　08 6　09 4
10 5　11 3　12 2
13 9　14 8　15 1
16 3　17 8　18 5
19 2　20 9　21 6

24B ▶ 110쪽

01 6　02 5　03 7
04 3　05 3　06 1
07 7　08 5　09 6
10 3　11 9　12 8
13 4　14 4　15 3
16 8　17 1　18 2
19 9　20 8　21 2

▶ 111쪽

01 6　02 2　03 3
04 7　05 4　06 1
07 5　08 8　09 4
10 5　11 7　12 3
13 2　14 6　15 8

25A ▶ 112쪽

01 5; 10, 5　02 7; 10, 7　03 3; 10, 3
04 6; 10, 6　05 9; 10, 9　06 4; 10, 4
07 4; 10, 4　08 2; 10, 2　09 8; 10, 8

▶ 113쪽

01 8, 2　02 7, 3
03 6, 4　04 8, 2　05 8, 2
06 9, 1　07 5, 5　08 2, 8
09 7, 3　10 3, 7　11 3, 7
12 8, 2　13 4, 6　14 4, 6

25B ▶ 114쪽

01 6　02 5
03 6　04 1　05 8
06 6　07 5　08 1
09 7　10 9　11 8
12 2　13 4　14 7
15 3　16 4　17 3
18 9　19 2　20 8

▶ 115쪽

01 3　02 3　03 2
04 8　05 9　06 4

▶ 43쪽

01 71 02 75 03 69
04 85 05 48 06 84
07 95 08 62 09 93
10 84 11 72 12 58
13 94 14 84 15 73
16 67 17 84 18 92
19 57 20 54 21 67

09A ▶ 44쪽

01 4, 6, 46 02 6, 8, 68 03 6, 9, 69
04 9, 4, 94 05 6, 7, 67 06 4, 9, 49
07 7, 7, 77 08 8, 8, 88 09 7, 9, 79

▶ 45쪽

01 2, 8, 28 02 6, 4, 64 03 9, 6, 96
04 8, 6, 86 05 5, 8, 58 06 8, 6, 86
07 7, 7, 77 08 6, 7, 67 09 8, 8, 88
10 8, 3, 83 11 6, 4, 64 12 5, 9, 59
13 7, 8, 78 14 5, 6, 56 15 9, 5, 95

09B ▶ 46쪽

01 59 02 66 03 47
04 68 05 79 06 56
07 78 08 86 09 89
10 23 11 77 12 99
13 68 14 69 15 87
16 88 17 39 18 97
19 65 20 47 21 35

▶ 47쪽

01 66 02 89 03 35
04 73 05 93 06 47
07 79 08 53 09 36
10 86 11 99 12 57
13 59 14 85 15 74
16 36 17 57 18 88
19 68 20 67 21 97

10A ▶ 48쪽

01 98 02 47 03 73 04 68
05 66 06 67 07 89 08 99
09 86 10 29 11 76 12 69

▶ 49쪽

01 57 02 74
03 94 04 78 05 75
06 88 07 63 08 59
09 28 10 86 11 45

10B ▶ 50쪽

01 78 02 25 03 96 04 74
05 73 06 69 07 54 08 98
09 79 10 88 11 93 12 97
13 46 14 69 15 58 16 49
17 38 18 46 19 68 20 85

▶ 51쪽

01 57 02 47 03 68
04 89 05 86 06 63
07 39 08 25 09 59
10 47 11 75 12 34
13 94 14 56 15 47
16 48 17 77 18 92

11A ▶ 52쪽

01 29 02 54 03 77
04 76 05 83 06 65
07 68 08 95 09 86
10 65 11 67 12 57
13 94 14 78 15 77 16 95
17 29 18 85 19 89 20 47

▶ 53쪽

01 36 02 75 03 38
04 68 05 66 06 69
07 95 08 88 09 94
10 49 11 77 12 47
13 78 14 49 15 37
16 94 17 58 18 86

11B ▶ 54쪽

01 23 02 99
03 88 04 93 05 56
06 34 07 96 08 94
09 49 10 37 11 75
12 69 13 79 14 47

▶ 55쪽

01 92 02 69
03 59 04 54 05 96
06 87 07 78 08 87
09 29 10 86 11 97

12A ▶ 56쪽

01 4, 3, 1 / 10 02 9, 3, 6 / 60 03 5, 2, 3 / 30
04 2, 1, 1 / 10 05 6, 1, 5 / 50 06 8, 3, 5 / 50
07 7, 2, 5 / 50 08 9, 4, 5 / 50 09 3, 1, 2 / 20
10 9, 8, 1 / 10 11 7, 3, 4 / 40 12 8, 4, 4 / 40

▶ 57쪽

01 40 02 30 03 50
04 20 05 40 06 30
07 50 08 10 09 10
10 10 11 40 12 50
13 20 14 10 15 20
16 30 17 70 18 30
19 60 20 60 21 40

12B ▶ 58쪽

01 20, 7 / 20, 7 02 10, 9 / 10, 9 03 30, 4 / 30, 4
04 60, 7 / 60, 7 05 50, 3 / 50, 3 06 80, 2 / 80, 2

▶ 59쪽

01 40 02 2 03 80
04 3 05 6 06 50
07 60 08 20 09 4
10 9 11 30 12 5
13 30 14 8 15 9
16 2 17 7 18 40
19 90 20 70 21 4

13A ▶ 60쪽

01 2, 3, 23 02 4, 2, 42 03 5, 1, 51
04 1, 6, 16 05 7, 2, 72 06 8, 1, 81
07 7, 4, 74 08 6, 2, 62 09 5, 5, 55

▶ 61쪽

01 35 02 44 03 57
04 45 05 56 06 84
07 23 08 52 09 75
10 26 11 68 12 64
13 55 14 44 15 76
16 24 17 37 18 15
19 94 20 64 21 43

13B ▶ 62쪽

01 1, 8, 18　02 2, 3, 23　03 3, 4, 34
04 2, 7, 27　05 6, 4, 64　06 6, 6, 66
07 4, 5, 45　08 4, 1, 41　09 2, 3, 23

▶ 63쪽

01 16　02 51　03 33
04 48　05 12　06 44
07 35　08 63　09 24
10 28　11 24　12 15
13 82　14 31　15 17
16 18　17 37　18 35
19 43　20 29　21 59

14A ▶ 64쪽

01 3, 2, 32　02 3, 4, 34　03 1, 3, 13
04 1, 6, 16　05 7, 1, 71　06 5, 1, 51
07 4, 3, 43　08 2, 7, 27　09 3, 5, 35

▶ 65쪽

01 7, 1, 71　02 2, 2, 22　03 2, 1, 21
04 1, 3, 13　05 1, 5, 15　06 1, 7, 17
07 4, 2, 42　08 6, 3, 63　09 1, 4, 14
10 2, 6, 26　11 2, 2, 22　12 5, 2, 52
13 3, 6, 36　14 1, 4, 14　15 4, 5, 45

14B ▶ 66쪽

01 31　02 11　03 26
04 21　05 14　06 52
07 41　08 51　09 21
10 32　11 22　12 31
13 26　14 12　15 81
16 43　17 54　18 15
19 42　20 22　21 43

▶ 67쪽

01 41　02 21　03 45
04 61　05 36　06 62
07 62　08 15　09 31
10 13　11 54　12 21
13 23　14 11　15 42
16 21　17 22　18 24
19 53　20 55　21 25

15A ▶ 68쪽

01 13　02 12　03 54　04 21
05 65　06 32　07 41　08 33
09 64　10 23　11 13　12 14

▶ 69쪽

01 42　02 31
03 25　04 14　05 46
06 21　07 33　08 25
09 24　10 31　11 45

15B ▶ 70쪽

01 31　02 11　03 26　04 21
05 24　06 12　07 31　08 44
09 32　10 41　11 14　12 32
13 71　14 53　15 35　16 25
17 44　18 84　19 63　20 47

▶ 71쪽

01 16　02 42　03 71
04 22　05 23　06 28
07 25　08 31　09 21
10 42　11 24　12 26
13 68　14 56　15 51
16 51　17 31　18 37

16A ▶ 72쪽

01 25　02 55　03 13
04 14　05 52　06 44
07 22　08 43　09 33
10 53　11 52　12 23
13 17　14 34　15 11　16 16
17 36　18 31　19 32　20 24

▶ 73쪽

01 23　02 42　03 42
04 35　05 13　06 32
07 23　08 44　09 34
10 11　11 31　12 31
13 61　14 25　15 44
16 22　17 14　18 42

16B ▶ 74쪽

01 32　02 11
03 21　04 51　05 33
06 53　07 17　08 24
09 22　10 22　11 23
12 43　13 31　14 73

▶ 75쪽

01 11　02 11
03 63　04 27　05 38
06 54　07 22　08 22
09 43　10 36　11 31
12 52　13 16　14 14

17A ▶ 76쪽

01 59　02 51　03 75
04 72　05 68　06 21
07 42　08 57　09 23
10 79　11 32　12 77
13 66　14 32　15 26　16 83
17 31　18 79　19 87　20 23

▶ 77쪽

01 77, 15
02 68, 22　03 79, 53
04 89, 47　05 76, 32
06 89, 25　07 98, 52
08 55, 31　09 99, 31
10 98, 12　11 49, 25

교과에선 이런 문제를 다루어요 ▶ 78쪽

01 4, 44　50, 57
02 12+4=16　23+6=29
03 49
04 25+32=57, 30, 2
05 35, 46, 50, 36
06 23
07 54−21=33, 20, 1
08 13

Quiz Quiz ▶ 80쪽

1과 6은 1부터 6까지 수 중에서 연속한 수가 한 개씩만 있기 때문에 가장 많은 수와 연결할 수 있습니다. 따라서 4개의 선이 연결된 ○가 1과 6의 자리가 됩니다. 나머지 ○ 안에도 다음과 같이 수를 써넣어 퍼즐을 완성합니다.

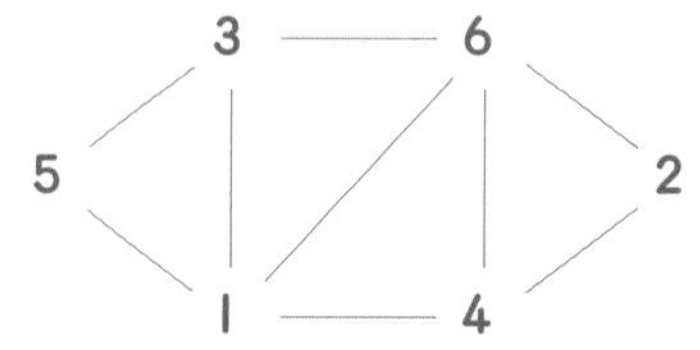

여러 가지 정답이 가능합니다.

PART 3. (몇)+(몇)=(십몇)

18A ▶ 82쪽

01 5, 5 02 8, 8 03 7, 7
04 9, 9 05 2, 2 06 4, 4
07 6, 6 08 1, 1 09 3, 3

▶ 83쪽

01 5 02 9 03 7
04 1 05 3 06 2
07 5 08 10 09 4
10 6 11 8 12 10
13 8 14 2 15 4
16 3 17 7 18 9
19 1 20 6 21 10

18B ▶ 84쪽

01 4 02 9 03 2
04 3 05 8 06 5
07 1 08 8 09 7
10 3 11 5 12 4
13 5 14 3 15 6
16 6 17 7 18 1
19 2 20 2 21 9

▶ 85쪽

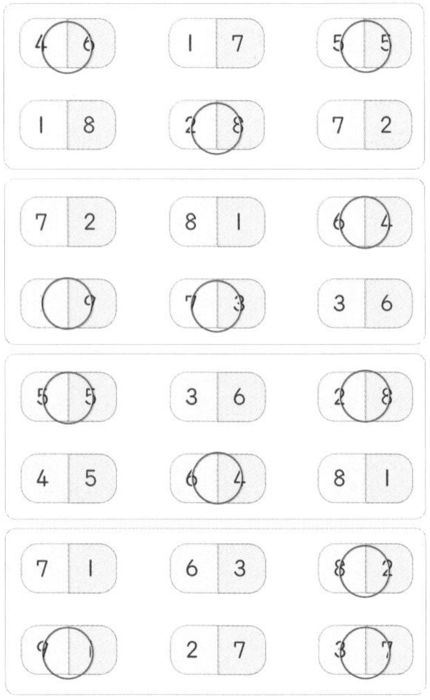

19A ▶ 86쪽

01 15; 10, 15 02 14; 10, 14 03 15; 10, 15
04 17; 10, 17 05 11; 10, 11 06 17; 10, 17
07 13; 10, 13 08 12; 10, 12 09 19; 10, 19

▶ 87쪽

01 9, 19 02 7, 17
03 7, 17 04 2, 12 05 6, 16
06 3, 13 07 6, 16 08 1, 11
09 7, 17 10 2, 12 11 8, 18
12 6, 16 13 4, 14 14 3, 13

19B ▶ 88쪽

01 13 02 11
03 17 04 19 05 18
06 12 07 14 08 15
09 18 10 13 11 17
12 16 13 19 14 11
15 12 16 14 17 16
18 14 19 12 20 14

▶ 89쪽

01 12 02 12 03 13
04 17 05 13 06 19
07 18 08 18 09 14
10 15 11 15 12 19
13 16 14 14 15 14
16 11 17 15 18 17
19 16 20 17 21 13

20A ▶ 90쪽

01 13 02 12 03 19
04 16 05 14 06 11
07 15 08 14 09 15
10 16 11 18 12 12
13 19 14 17 15 16
16 18 17 15 18 13
19 19 20 17 21 18

▶ 91쪽

01 11 02 13 03 11
04 12 05 12 06 19
07 13 08 13 09 18
10 14 11 18 12 17
13 15 14 14 15 19
16 17 17 15 18 17
19 14 20 16 21 16

20B ▶ 92쪽

01 14 02 16
03 19 04 13 05 11
06 17 07 15 08 12
09 14 10 16 11 16
12 19 13 12 14 13

▶ 93쪽

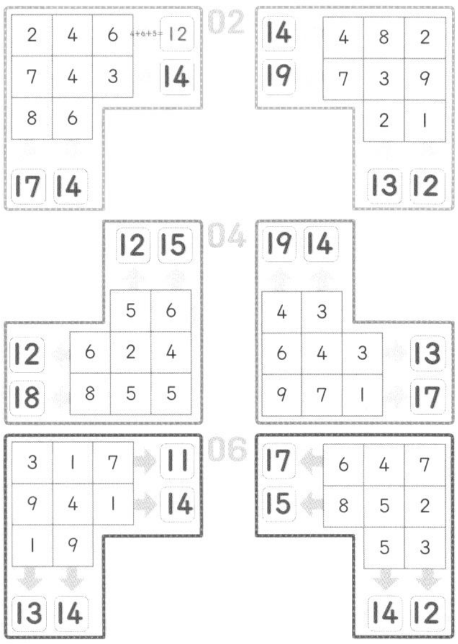

21A ▶ 94쪽

01 4, 1, 14 02 2, 4, 14
03 3, 3, 13 04 1, 4, 14
05 3, 1, 11 06 2, 2, 12
07 1, 2, 12 08 1, 1, 11

▶ 95쪽

01 1, 2, 11 02 4, 2, 12
03 1, 3, 11 04 2, 3, 13 05 2, 1, 12
06 1, 6, 16 07 2, 2, 12 08 1, 5, 15
09 3, 1, 11 10 4, 1, 14 11 2, 5, 15
12 2, 1, 11 13 4, 2, 14 14 2, 3, 12

21B ▶ 96쪽

01 11 02 13
03 12 04 13 05 15
06 14 07 11 08 15
09 18 10 12 11 13
12 12 13 13 14 11
15 11 16 16 17 16
18 13 19 12 20 11

▶ 97쪽

01 13 02 11 03 12
04 14 05 12 06 15
07 14 08 16 09 15
10 13 11 12 12 12
13 13 14 11 15 12

04 2, 3, 4, 5, 6, 7
05 4, 5, 6, 7, 8
06 6, 7, 8, 9

30A ▶ 132쪽

01 4　02 7　03 8
04 7　05 5　06 6
07 8　08 9　09 7
10 7　11 8　12 9
13 8　14 7　15 8
16 4　17 2　18 9
19 8　20 4　21 9

▶ 133쪽

01 7　02 5　03 4
04 9　05 8　06 7
07 8　08 8　09 9
10 9　11 9　12 8
13 5　14 3　15 8
16 9　17 9　18 7
19 3　20 7　21 8

30B ▶ 134쪽

01
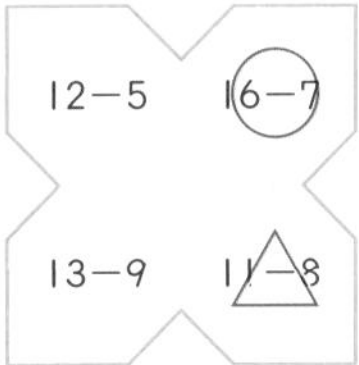

02
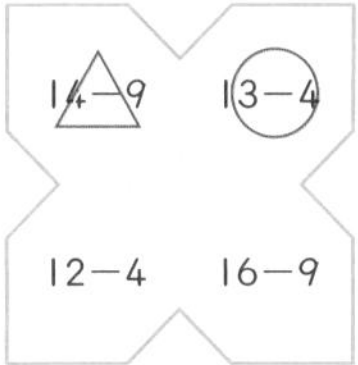

03
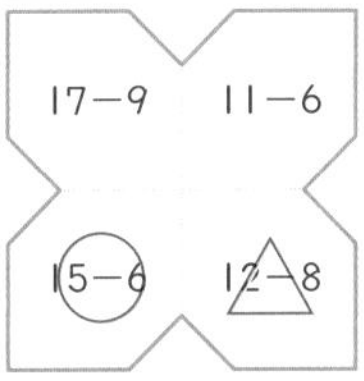

04
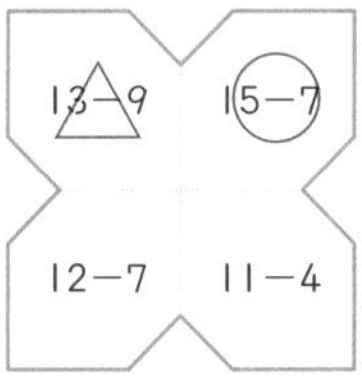

05
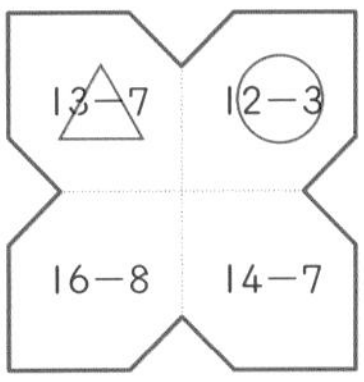

06
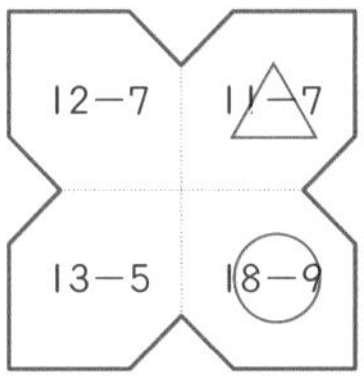

▶ 135쪽

01
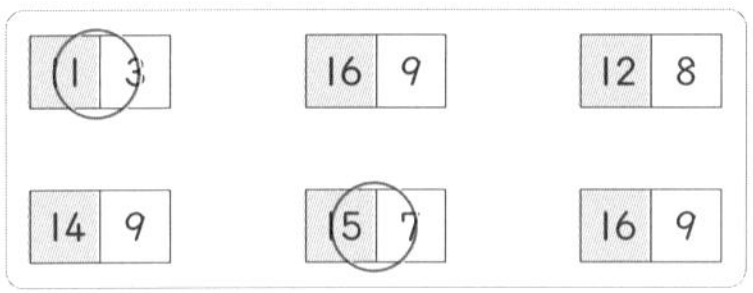

02
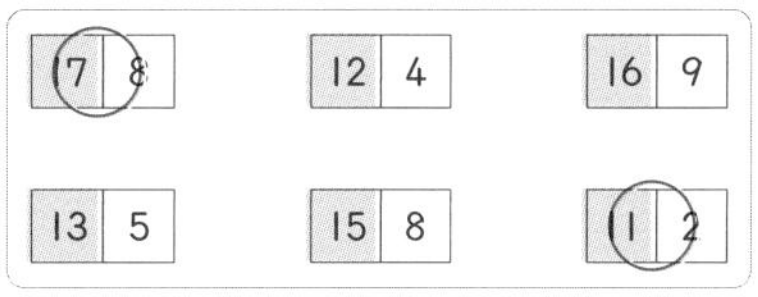

03
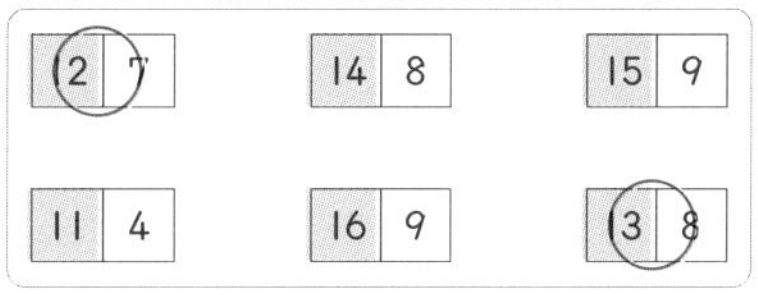

04
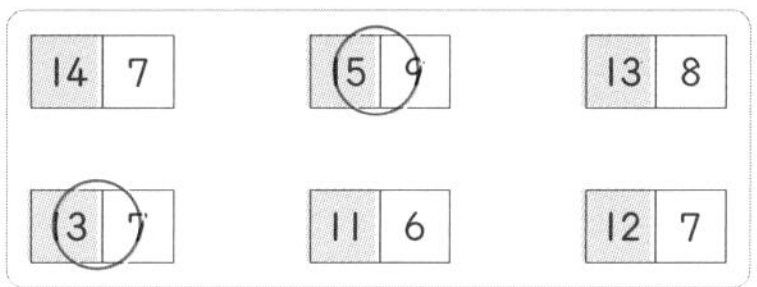

31A ▶ 136쪽

01 12　02 7　03 11
04 12　05 7　06 5
07 14　08 9　09 13
10 3　11 13　12 13
13 11　14 8　15 8
16 7　17 15　18 8
19 11　20 8　21 16

▶ 137쪽

01 8　02 6　03 12
04 7　05 16　06 11
07 8　08 6　09 13
10 12　11 3　12 8
13 11　14 7　15 10
16 4　17 15　18 4
19 11　20 7　21 15

31B ▶ 138쪽

01 8, 7, 15 (또는 7, 8, 15)
02 9, 8, 17 (또는 8, 9, 17)
03 9, 5, 14 (또는 5, 9, 14)
04 8, 6, 14 (또는 6, 8, 14)
05 8, 5, 13 (또는 5, 8, 13)
06 9, 6, 15 (또는 6, 9, 15)
07 7, 6, 13 (또는 6, 7, 13)

▶ 139쪽

01 15, 6, 9
02 16, 7, 9
03 13, 6, 7
04 14, 6, 8
05 15, 7, 8
06 14, 7, 7
07 14, 6, 8

32A ▶ 140쪽

01 11　02 4　03 12
04 9　05 15　06 14
07 8　08 11　09 7
10 15　11 7　12 8
13 7　14 11　15 11
16 13　17 9　18 8
19 17　20 8　21 12

▶ 141쪽

01 4　02 9　03 11
04 8　05 11　06 8
07 13　08 7　09 14
10 14　11 6　12 9
13 7　14 6　15 16
16 8　17 12　18 8
19 12　20 14　21 11

교과에선 이런 문제를 다루어요 ▶ 142쪽

01 7, 4
02 10−7=3, 3
03 6, 5
04 3, 6
05 14−9=5 / 10 4　17−8=9 / 10 7　12−5=7 / 10 2
16−9=7　13−4=9　11−5=6
06 13−8=5
07

17 − 9 = 8	4	12
9	11 − 7 = 4	6
8	3	15 − 7 = 8
14	6	16 − 9 = 7
17	16 − 7 = 9	16

Quiz Quiz ▶ 144쪽

1	2	3	4	5
2	3	4	5	4
1	2	3	4	3
2	3	2	3	2
1	2	3	2	1

PART 1. 100까지의 수

01A ▶ 10쪽

01 2, 20
02 3, 30
03 5, 50
04 4, 40
05 3, 30

▶ 11쪽

01 20
02 40
03 50
04 50
05 30
06 40
07 20
08 30
09 40
10 50
11 20

01B ▶ 12쪽

01 8, 80
02 6, 60
03 5, 50
04 7, 70
05 9, 90
06 4, 40

▶ 13쪽

01 70; 30, 40
02 80; 50, 30
03 70; 40, 30
04 90; 40, 50
05 60; 30, 30
06 60; 10, 50
07 90; 50, 40
08 80; 40, 40
09 60; 40, 20
10 70; 50, 20

02A ▶ 14쪽

01 4, 9, 49
02 2, 3, 23
03 5, 4, 54
04 7, 6, 76
05 3, 7, 37
06 6, 2, 62

▶ 15쪽

01 75
02 24
03 41
04 29
05 84
06 43
07 55
08 91
09 65
10 22
11 37
12 59
13 68
14 16

02B ▶ 16쪽

01 30
02 80
03 40
04 50
05 70
06 90
07 50과 40을 모은 수 / 10개씩 묶음이 9개인 수 / 98보다 2 큰 수 / 90과 10을 모은 수

▶ 17쪽

01 78; 70, 8
02 47; 7, 40
03 55; 50, 5
04 26; 6, 20
05 38; 8, 30
06 42; 40, 2
07 29; 20, 9
08 53; 50, 3
09 34; 30, 4
10 18; 8, 10

03A ▶ 18쪽

01 22, 23, 26, 27, 28
02 51, 53, 54, 56, 58
03 26, 27, 30, 31, 32

▶ 19쪽

01 30, 31
02 42, 43
03 57, 58
04 50, 51
05 63, 64
06 16, 17
07 81, 82
08 80, 81
09 75, 76, 77
10 36, 37, 38
11 48, 49, 50
12 95, 96, 97
13 23, 24, 25
14 89, 90, 91

03B ▶ 20쪽

01 88, 86, 85, 83, 81
02 67, 65, 63, 62, 60
03 32, 31, 29, 28, 26

▶ 21쪽

01 65, 64
02 51, 50
03 46, 45
04 83, 82
05 62, 61
06 20, 19
07 24, 23
08 57, 56
09 94, 93, 92
10 18, 17, 16
11 31, 30, 29
12 69, 68, 67
13 67, 66, 65
14 44, 43, 42

04A ▶ 22쪽

01

21	22	23	24	25	26	27	28	29	**30**
31	32	**33**	**34**	**35**	36	37	**38**	39	40
41	42	43	**44**	**45**	46	**47**	**48**	49	50

▶ 23쪽

01

1	2	3	4	**5**	6	7	8	9	**10**
11	**12**	13	14	15	16	**17**	18	19	20
21	22	23	**24**	25	**26**	27	28	**29**	30
31	**32**	33	34	**35**	**36**	37	38	39	40
41	42	**43**	44	45	**46**	**47**	48	49	**50**
51	52	**53**	**54**	55	56	57	**58**	**59**	60
61	**62**	63	64	**65**	66	**67**	68	69	70
71	72	**73**	74	75	**76**	77	78	**79**	80
81	**82**	**83**	84	**85**	**86**	87	**88**	89	90
91	92	93	**94**	95	**96**	**97**	98	99	**100**

02

31	32	**33**	34	**35**	36
41	**42**	43	**44**	45	**46**

03

64	**65**	66	67	**68**
74	**75**	76	**77**	78

04

15	16	**17**	18	19	**20**
25	**26**	27	28	**29**	30

05

52	53	**54**	55	56
62	**63**	**64**	65	**66**

04B ▶ 24쪽

01

23	24	25	**26**	**27**
33	**34**	**35**	36	37
43	**44**	45		
53	54			
63	**64**			

02

52	53	54	**55**	56
62	**63**	64	65	**66**
		74	75	76
			85	86
			95	**96**

03

			17	**18**
			27	**28**
		36	**37**	38
44	45	46	47	48
54	**55**	56	**57**	58

04

25	26			
35	**36**			
45	**46**	47		
55	56	57	**58**	59
65	**66**	67	68	**69**

05

41	**42**	43	**44**	45
		53	54	55
		63	**64**	65
		73	74	75
81	82	**83**	**84**	85

06

56	**57**	**58**	59	60
66	**67**	68		
76	77	78		
86	87	**88**		
96	97	98	**99**	100

▶ 25쪽

01

44	45	**46**	47	48
54	**55**	56	**57**	58
64	**65**	66	**67**	68
74				78
84				**88**

02

21				25
31				**35**
41	42	43	44	45
51	**52**	53	54	**55**
61	62	**63**	64	65

03

56			59	
66			**69**	
76	77	78	79	**80**
86	**87**	**88**	89	90
96	97	98	**99**	100

04

13	**14**	15	16	17
23	24	**25**	**26**	27
33	34	35	36	**37**
	44			47
	54			**57**

05

	16			
25	26	27	28	**29**
35	**36**	37	**38**	39
45	46	47	48	59
			58	

06

42				
52	53	**54**	55	**56**
62	**63**	64	**65**	66
72	73	**74**	75	76
				86

05A ▶ 26쪽

01 45
02 48
03 91
04 11
05 84
06 23
07 67
08 58

▶ 27쪽

01 97
02 31
03 59
04 26
05 52
06 96
07 85
08 64